高性能
银基电接触材料

林智杰 著

化学工业出版社
·北京·

内容简介

本书概述银基电接触材料的结构与性能，详细介绍了中低压负载中最常用的两种银基电接触材料（银氧化锡和银镍电接触材料）的显微组织设计、制备与性能表征。

本书适宜从事中低压电接触安全和银基电工材料以及相关专业的人士参考。

图书在版编目（CIP）数据

高性能银基电接触材料/林智杰著．—北京：化学工业出版社，2023.12

ISBN 978-7-122-44792-0

Ⅰ．①高⋯　Ⅱ．①林⋯　Ⅲ．①银基合金-电触头-电工材料-研究　Ⅳ．①TM503②TM2

中国国家版本馆 CIP 数据核字（2023）第 240405 号

责任编辑：邢　涛　　　　文字编辑：段曰超　师明远
责任校对：李雨晴　　　　装帧设计：韩　飞

出版发行：化学工业出版社
　　　　　（北京市东城区青年湖南街 13 号　邮政编码 100011）
印　　装：北京盛通数码印刷有限公司
710mm×1000mm　1/16　印张 9¾　字数 188 千字
2023 年 12 月北京第 1 版第 1 次印刷

购书咨询：010-64518888　　　售后服务：010-64518899
网　　址：http://www.cip.com.cn
凡购买本书，如有缺损质量问题，本社销售中心负责调换。

定　　价：138.00 元

前　言

电触头广泛应用于各种电气设备中，如开关、插座、继电器、断路器、接触器、电动机等，其质量和性能对电气设备的性能和寿命有着重要的影响。"双碳"战略背景下，全球新能源和电气化加速发展，光伏、风电、电动汽车等领域对继电保护和控制等的要求不断提高，对高性能电接触材料提出日益严苛的要求。在此背景下，电触头材料市场规模复合增长率超过 20%，对行业提供巨大的挑战和机遇。

Ag 基电触头材料是中低压负载中应用最广的一类电触头材料。我国已是世界上最大的 Ag 基电触头材料生产国，但在高端市场上仍缺乏与国外企业（如日本田中贵金属集团等）产品竞争的实力。学术界关于增强相尺寸、体积分数和形貌等因素对 Ag-SnO$_2$ 和 Ag-Ni 电触头材料性能的影响尚无定论，关于材料的微结构设计缺乏理论指导。针对以上状况，本书具体介绍如下内容：

① 通过湿化学沉淀法制备不同形貌的 SnO$_2$ 增强相颗粒，系统考察 pH 值、温度、反应物浓度、反应时间和表面活性剂 PVP 等对 SnC$_2$O$_4$ 前驱体形貌的影响，研究晶体生长机理，控制合成颗粒状、管状、棒状和针状四种不同形貌的 SnO$_2$ 增强相颗粒，为后续开展 Ag-SnO$_2$ 微结构调控提供基础。

② 采用柠檬酸辅助的非均匀沉淀法制备颗粒弥散强化的 Ag-SnO$_2$ 电触头材料，结合实验结果和理论计算，系统研究颗粒强化 Ag-SnO$_2$ 电触头材料中 SnO$_2$ 尺寸和体积分数与材料电导率和力学性能之间的关系。

③ 开展 Ag-SnO$_2$ 电触头材料增强相形貌调控和性能研究，系统考察 SnO$_2$ 和 In$_2$O$_3$ 增强相形貌对 Ag-SnO$_2$ 电触头材料性能的影响，研究 Ag-SnO$_2$ 电触头材料的抗电弧侵蚀性能及其机制。

④ 以 H$_2$C$_2$O$_4$ 为沉淀剂，开展 Ag-Ni 电触头材料的化学沉淀制备，分

析 Ag^+-Ni^{2+}-$C_2O_4^{2-}$-H_2O 中的沉淀配位情况，以此为指导控制合成两种不同形貌的 Ag、 Ni 草酸盐前驱体，并分析前驱体晶体生长机制，研究前驱体的热分解特性，探究 Ni 形貌对 Ag-Ni 电触头材料的力学和电学性能影响，分析亚微米 Ni 强化 Ag-Ni 电触头材料的电弧特性和电弧侵蚀显微组织。

⑤ 采用包覆-烧结-大塑性变形方法制备纤维强化 Ag-Ni 电触头材料，研究 Ag 颗粒退火对烧结坯中 Ni 网连续性的影响，以及塑性变形中随真应变增大发生的 Ni 组织变化，分析纤维强化 Ag-Ni 电触头材料的抗电弧侵蚀性能及相关机制。

电接触是关系电力安全可靠的重要环节，因此本书适宜从事中低压电接触安全和银基电工材料以及相关专业的人士参考。

感谢东北大学孙旭东教授对本书研究内容和成果的指导，也感谢国家自然科学基金和福建省科技厅对项目研发和本书出版的支持，书中不足之处，请读者不吝赐教。

林智杰
2023 年 10 月

目 录

第 3 章　颗粒强化 Ag-SnO₂ 电触头材料显微组织设计及性能

第 4 章 Ag-SnO_2 电触头材料增强相形貌调控与性能 73

第 1 章

绪　论

　　电接触[1-3] 是两个导体带电连接时的一种状态。电触头（又称触头或触点）是进行电接触的部件，承担着接通、承载和分断电流的作用。作为各类高低压开关、电器、仪器仪表等元器件的核心部件，电触头材料的应用遍及航空、航天、航海、国防和民用工业中的各类交直流接触器、断路器、继电器和转换开关等。电触头材料是所有电力电子线路中不可或缺的一个环节，其性能的可靠性具有极其重要的意义。以常见的个人计算机为例，仅主板上就存在超过两万个电触头[4]，任何一个的失效都将影响计算机的可靠运行。

1.1　电触头材料简介

1.1.1　电触头材料发展简史

　　从 19 世纪出现第一台发电机开始，电接触的可靠性就受到关注。历史上可以考据的第一个电触头材料是 Cu，出现在 1834 年，Yakobi 以此开发了带有电刷集电极的换向装置[4]。Pt 作为电触头材料最早在 1850 年被英国 Johnson Matthey 公司首先采用[2]。随着机械和电气工业的技术进步和电触头需求增长，电触头材料的研究和开发得到进一步发展。自 1941 年第一部电接触著作《电接触技术物理》问世以来，至 20 世纪中期，电接触已形成研究和开发的热门课题，并形成了一门独立学科。从 1955 年起，美国电气与电子工程师协会每年召开一次关于电接触的学术会议，并以电接触学奠基人 Holm 之名命名（Holm conf. on Electric Contacts）[5]。在 20 世纪下半叶，Ag 基电触头材料的研发形成高潮。

我国电触头材料的研究和生产起步较晚，中华人民共和国成立前基本是一片空白。由于资金和人员等因素，以及在电性能测试设备上的极度缺乏，极大限制了我国电接触行业的发展。中华人民共和国成立后，Ag 和 Ag-W 电触头材料的出现首先填补了空白，50 年代后开始试制 Ag-CdO 和其他贵金属电触头材料[6]。70 年代中期，成功研制出 Ag 合金和 Cu 合金的双金属电触头，并成功应用于电话自动交换机上[7]。1979 年 5 月，中国电接触及电弧研究会正式成立，并定期举行学术交流。1982 年起，每年均有学者参加相关国际会议，与国内外同行交流学术[8]。此后涌现出大量自主研制的电触头材料，在性能上，逐渐接近国际先进水平。目前，国内从事电触头材料生产的企业已有 30 多家，规模较大的主要有昆明贵金属研究所（简称昆贵）、温州福达合金、温州宏丰、桂林晶格（简称晶格）和上海中希合金（简称中希）等。据中国电气工业协会 2015 年统计[9]，中国已经成为世界上最大的电触头材料生产国，电触头材料产量占全球 40% 以上，并以年均 8% 的高幅度快速增长[9]。然而，与国际知名企业如日本田中（TANAKA）、美国领先大都克（AMI DODU-CO）等相比，国内电触头在产销规模、产品质量和技术水平等方面仍存在明显不足，存在生产粗放，产品质量一致性差，可靠性低的缺点，在高端市场上仍为国外企业所垄断。因此，本书对电触头材料进行性能优化，制备出接近甚至超越国际水平、具有自主知识产权的高性能电触头材料，对提高我国电触头行业竞争力具有重要意义。

1.1.2　Ag 基电触头材料的类型

Ag 在所有金属中电导率和热导率最高，是用作电触头复合材料的最佳基体材料。研究表明，Ag 基复合材料具有优良的导热性，较低的接触电阻，优异的化学稳定性，较高的塑性变形能力，良好的耐电弧侵蚀和抗熔焊性等优势，是用量最大和应用最广的电触头材料[10-15]。目前，全世界生产的 Ag 有 25% 用于制造电工和电子仪器，且基本上消耗于电触头材料制造[16,17]。在我国，仅 2014 年用于 Ag 基电触头材料的 Ag 用量就达到 1500t[9]。但纯 Ag 电触头也存在一些缺点，例如，Ag 容易发生硫化，硬度较低，不耐磨损，容易发生冷焊，在直流电下材料转移严重等。为此，材料复合化成为电触头材料实现高性能化和多功能化的有效途径。在 Ag 基体中添加合金元素或第二相，形成 Ag 基合金材料和 Ag 基复合材料，可望在保证电导率变化不大的情况下，提高 Ag 基电触头材料的力学性能和电接触性能。

目前，针对中低压电器，已经研发了数百种 Ag 基电触头材料，而真正实现产业化的 Ag 基电触头材料仅有几十种。按照成分体系主要可以归纳为四种类型：

1.1.2.1 Ag-金属合金电触头材料

Ag-金属合金电触头材料以 Ag-Cu、Ag-Pb 和 Ag-Ni0.15 等为代表[18-21]。在该类材料中，金属元素与 Ag 形成固溶体，因而多采用熔炼方法制备。在对电导率和抗化学侵蚀能力影响较小的情况下，少量添加合金元素，以实现电触头力学性能和电接触性能的提高。相比于其他类型的 Ag 基电触头材料，该类电触头的最大优点在于易加工和易焊接到器件上，但其分断容量较小，因而多用于重视小型化的无线电装置、通信用微型开关和其他小容量低压电器中[21]。

1.1.2.2 Ag-C 电触头材料

Ag-C 电触头材料[22-25] 是抗熔焊性好的低压电触头材料。该系材料的抗电弧机制主要是利用电弧作用时的相变。电弧作用下，电触头表面的 C 和空气中的 O 发生反应，形成 CO，吸收热量的同时在电触头表面形成多孔组织，金属接触面积减少，因而降低熔焊力[25]。但这种以消耗 C 为代价的抗电弧机制，将造成电触头多次工作后，表面脱 C 和脆化，增加材料烧蚀量，减短电接触寿命。因而，这种材料多应用于对抗熔焊性要求较高的断路器和保护开关电器中，在对电接触寿命需求较高的继电器和其他频繁通断的开关电器中使用较少。

1.1.2.3 Ag-金属氧化物电触头材料

Ag-金属氧化物（Ag-MeO）电触头材料以 Ag-CdO，$Ag-SnO_2$，Ag-ZnO 等为代表，是目前研究最深入、应用最广泛的中低压电触头材料。

（1）Ag-CdO 电触头材料

Ag-CdO 曾被誉为"万能电触头"[26-29]，在中低压电器中广泛使用，占据绝大多数的电触头市场。Ag-CdO 电触头具有优异的耐电弧、抗熔焊、导电、导热性能，以及接触电阻小而稳定等众多优点。Ag-CdO 良好的综合机电性能主要来自最佳导电性的 Ag 基体和半导体 CdO 的参与。首先，CdO 具有较低的分解温度[28]，在电弧作用下可分解，吸收能量，降低电弧等导致的电触头温升；其次，CdO 分解放出的 O_2 析出速度低于冷却时电触头的凝固速度，可在电触头表面形成多孔组织，提高抗熔焊能力；再次，CdO 分解后残留的 Cd 可与 Ag 发生合金化，在电触头表面形成 AgCd 合金相，起到稳定接触电阻的作用；最后，电触头表面熔融区内的 CdO 粒子可通过毛细作用提高熔体黏度，对减少溅射也有一定作用。

然而，这种主要以 CdO 分解实现抗熔焊的方式，使得 Ag-CdO 电触头的使用次数受到限制。随着使用次数的增加，电触头抗熔焊的能力将逐渐下降。随着电子电气工业的高速发展，Ag-CdO 在抗熔焊、抗磨损、耐电弧烧损等性能上，已经逐渐无法满足需求[30]。更重要的是，Cd 的应用存在严重的环境问题。欧盟发布了《在电子电气设备中限制使用某些有害物质指令》（RoHS 指令）和《废旧电子电气设备指令》（WEEE 指令），禁止电器开关上使用 Ag-CdO 材料[31]；在中国，也发布了如《电子信息产品污染控制管理办法》和《零部件及原材料有害物质管理限制标准》等文件，对有毒物质镉的使用提出限制。Ag-CdO 电触头材料正加速退出市场。

（2）Ag-SnO$_2$ 电触头材料

Ag-SnO$_2$ 电触头材料[32-37] 具有优良的抗电弧侵蚀、抗熔焊、抗材料转移和耐磨损等性能，除了环境友好性外，相对 Ag-CdO 还具有以下优势：SnO$_2$ 具有较高的热分解温度（2373℃），热稳定性好，在电弧作用下不易分解、升华，这将增加电弧作用后熔池中 Ag 液的黏度，减少 Ag 的喷溅、烧蚀。在大负荷电流条件下，Ag-SnO$_2$ 电触头材料具有比 Ag-CdO 电触头材料更优良的耐电弧侵蚀、抗熔焊以及耐磨损性能，在一定次数开断过程中，Ag-SnO$_2$ 电触头材料的材料转移量更小，使用寿命更长。鉴于 Ag-SnO$_2$ 电触头材料众多的优点以及良好的开发潜能，是众多 Ag-CdO 替代材料中最有希望的一种，已广泛应用于中低负载的接触器和继电器中。在 AMI DODUCO 公司生产的产品中，Ag-SnO$_2$ 已完全取代了 Ag-CdO 系电触头材料[38]。

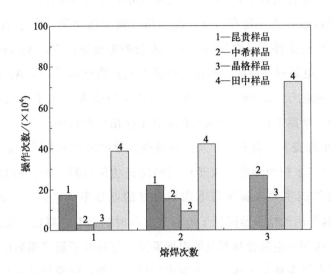

图 1.1 国内外 Ag-SnO$_2$ 电触头的电接触熔焊测试结果

如今，我国主要电触头材料厂家均能生产 Ag-SnO$_2$ 电触头材料，但产品的性能远低于国外产品。图 1.1 是对国内外四家主要电触头企业生产的 Ag-SnO$_2$ 电触头采样的单分断电寿命测试结果（由昆贵提供，测试条件为 24V/10A 直流阻性负载、分断速率 60 次/min）。结果表明，国内产品的电寿命远短于田中样品，在经历约 39 万次分断后，田中样品发生第一次熔焊，而国内样品早已失效。所以，本书对 Ag-SnO$_2$ 电触头材料的微结构进行改善，为 Ag-SnO$_2$ 电触头材料微结构设计提供实验和理论依据，制备出电寿命达到甚至超越国际水平的 Ag-SnO$_2$ 电触头材料，对改变我国高端 Ag-SnO$_2$ 材料依赖进口的局面具有重要的现实意义。

（3）Ag-其他金属氧化物电触头材料

Ag-SnO$_2$ 等材料的"个性"较强，不同的应用领域，需要采取不同的添加物和工艺措施。因此人们在开发研究 Ag-SnO$_2$ 材料的同时，也在积极研究开发新的环保型电触头材料[2]。

Ag-ZnO 是另一种已得到广泛商用的环保型电触头材料。Zn 与 Cd 同属Ⅱ

B 族元素，具有相似的物理和化学性能，拥有较高的熔点和蒸气压，因而自 20 世纪 60 年代末、70 年代初[39]，Ag-ZnO 电触头材料就受到人们的关注并发展起来。在阻性负载下，Ag-ZnO 具有优异的电接触特性[40,41]。Ag-ZnO 电触头材料的制备方法主要有内氧化法和粉末冶金法两种[42-43]。Ag-ZnO 适用于高电流的负载条件下，在 3000～5000A 分断电流条件下，Ag-ZnO 具有优于 Ag-CdO 的抗电弧侵蚀性能，而在低电流的直流阻性电路中，Ag-ZnO 的抗电弧侵蚀性却逊色于 Ag-SnO$_2$[44]，所以这种电触头多应用于中大容量的继电器、接触器和断路器中，在中低负载条件下使用相对较少。

Ag-导电陶瓷复合材料近年来得到重视。导电陶瓷材料[45]是一种利用离子或电子/空穴来作为导电载流子的新型陶瓷功能材料。Ag-导电陶瓷电触头材料的优良性能主要来源于导电陶瓷良好的电导率（$<10^{-3}$S/cm）和热导率[46,47]，其作用的结果是降低了电触头工作时的温升，降低了熔焊发生的可能。同时，这种导电陶瓷具有负的温度系数，与具有正温度系数的 Ag 形成互补，减小了电触头动态工作时的电导率变化。此外，陶瓷材料具有抗氧化、抗腐蚀、抗辐射、耐高温、力学性能好等特点，有利于增长电触头的工作寿命。然而，Ag-导电陶瓷的物理、化学和冶金特性较复杂，作为电触头材料还有待进一步研究，目前尚未实现商业应用。

1.1.2.4　Ag-金属假合金电触头材料

Ag-金属假合金也广泛应用于电触头，其中，以 Ag-Ni，Ag-W，Ag-Fe 等为代表。这类材料在固态时两相不互溶，而根据液态时的两相性质可分为以下两类。

（1）液态难溶的假合金

以 Ag-W 为代表的假合金在液相也很难形成溶体，如图 1.2 所示。这类电触头材料一般选用高熔点的物质作增强相，如 W，Mo，WC 等，采用熔渗的方法制备。

这种电触头结合了 Ag 的高导热和导电性与 W 等金属的耐高温和抗电弧侵蚀优势，同时也容易焊接到 Cu 或富 Ag 基层上，可很好地达到节 Ag 目的[48-50]。实际应用时，增强相质量分数往往高达 40%～80%。这种电触头多采用熔渗的方法制备：首先制备多孔的增强相骨架，再通过熔渗的方法，向空隙中渗入液态 Ag，冷却后得到电触头。这类材料的主要抗电弧机制是利用高熔点骨架材料对熔 Ag 的毛细作用，降低熔 Ag 的喷溅，因而也常被形容成"金属发汗材料"。但是这类电触头在电弧作用下常形成 W 的氧化物或 Ag_2WO_4，导致电触头接触电阻的剧烈升高[51]。因而，近年来，针对 Ag-W 电触头材料的性能研究和改善工作主要集中在接触电阻方面。在实际应用中，多将 Ag-W 电触头材料与 Ag-C 电触头材料配对使用，以 Ag-W 电触头材料为主电触头，使用于需要较高分断负载的电力开关中[49]。

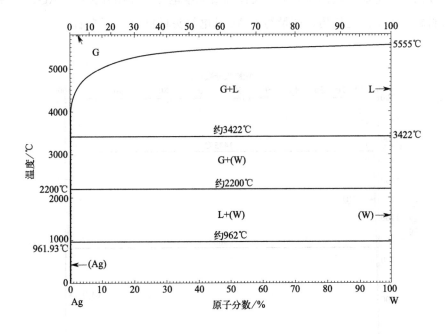

图 1.2　Ag-W 二元相图[52]

（2）液态互溶的假合金

以 Ag-Ni 为代表的假合金在固态时两相不互溶，但在液相 Ag 和 Ni 间存在微小的固溶度，如图 1.3 所示。研究表明[53]，直流负载下的 Ag-Ni 电触头材料几乎不存在材料损失问题，这可能归功于熔融状态下 Ag_xNi_y 合金较高的黏度。如果说 Ag-MeO 型电触头材料的抗电弧性能主要取决于氧化物的热力学特性，对于 Ag-Ni 电触头材料，其抗电弧性能则主要取决于 Ni 在 Ag 熔池中的溶解度和析出能力[54]。在工作电路中，两电触头分断时产生强烈的电弧，在弧根作用下，Ag-Ni 电触头表面熔化形成熔池，熔池内形成 Ag_xNi_y 合金，使熔体黏度提高，材料喷溅减少。灭弧后，Ni 又重新析出，弥散在 Ag 基体中恢复良好的导电性能。此外，有研究说明[55,56]，高熔点 Ni 在熔池中稳定存在也可对熔池起到稳定作用，降低熔体喷溅。除了低且稳定的接触电阻和直流负载下较好的抗熔焊性能，Ag-Ni 电触头材料最大优点在于其工艺性：它不需附加焊接用 Ag 层（覆层）即可焊接在铜条上，且其加工性能也要优于 Ag-MeO 等其他电触头材料，采用 Ag-Ni 电触头可节 Ag 达 40%。因此，在 5～25A 的中小电流等级的接触器、交流和直流继电器及控制开关中，Ag-Ni 电触头材料得到了广泛使用，产量约占 Ag 基电触头材料的 20% 左右[57]。

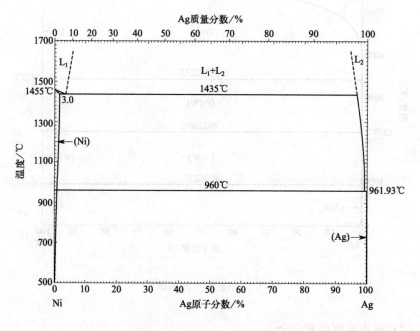

图 1.3　Ag-Ni 二元相图[58]

然而，在实际应用中，Ag-Ni 系列电触头材料暴露出机械强度低，抗熔焊性差，材料的阳极材料转移严重等不足[53]，使其应用领域受到限制。本书对Ag-Ni 电触头材料进行微结构调控，实现 Ag-Ni 电触头材料的性能优化，对改善其抗电弧性能具有重要意义。

综上所述，$Ag-SnO_2$ 和 $Ag-Ni$ 电触头材料是中低压直流阻性负载下应用最广的两种环保型电触头材料。目前，这两类材料均存在一些问题，主要表现在：直流阻性负载下，$Ag-SnO_2$ 材料阴极失重较大，国内 $Ag-SnO_2$ 抗熔焊性差，电寿命显著短于国外产品，在高端市场上大量依靠进口；直流阻性负载下，$Ag-Ni$ 电触头材料阳极材料转移现象严重，抗熔焊性能差。本书以这两类材料为研究对象，对其进行微结构调控，实现性能优化，对增强我国电触头行业竞争力，具有重要的现实意义。

1.2　$Ag-SnO_2$ 电触头材料微观结构调控

如上文所述，$Ag-SnO_2$ 材料作为电触头材料潜力极大，但仍存在许多电气和加工性能上的问题，从其诞生开始，对其性能的改善从未停止。材料在电弧作用下形成的微观结构被认为是决定 $Ag-MeO$ 电触头材料运行性能的主要因素[59]。而成分调控和显微组织调控是调控 $Ag-SnO_2$ 材料微观组织的主要手段。

1.2.1　成分调控

1.2.1.1　SnO_2 含量

作为除 Ag 基体外使用量最大的组成成分，SnO_2 用量对 $Ag-SnO_2$ 材料性能起到至关重要的作用。增加 SnO_2 含量一方面可以提高电触头材料抗电弧侵蚀，抗熔焊，抗材料转移的能力[60]；另一方面又会导致电触头硬度增加，延展性下降，不利于塑性加工，同时使接触电阻提高。目前，关于 SnO_2 含量对电触头性能的影响已有一些研究。从抗熔焊角度出发，SnO_2 质量分数的最佳范围是 8%～14%[60-62]。当 SnO_2 质量分数低于 8% 时，少量增加 SnO_2 质量分数，都能使电触头的抗熔焊能力显著提高；而这种抗熔焊能力的提高在 SnO_2 质量分数达到或大于 8% 时就趋于平缓；当 SnO_2 质量分数超过 12% 时，电触头抗电侵蚀性能有所提高，但体电阻和硬度也发生明显提高[63]。目前关于 SnO_2 体积分数对电触头力学性能的研究较少，SnO_2 体积分数对电触头力学性能的影响机制尚不明确。由于 Ag-SnO$_2$ 的力学性能与其加工性和抗熔焊性存在密切联系,对于强度较低的电触头,在接触载荷作用下,将出现表面材料大片脱落的现象,使材料损失增加[64]。因而,本书系统研究 SnO$_2$ 体积分数与 Ag-SnO$_2$ 电触头材料的力学强度关系和相关作用机制,并综合考虑材料的导电性能,实现 SnO$_2$ 体积分数的最优化。

1.2.1.2　第三组元

添加第三组元是受到最多关注的一种成分改善方式。提高 Ag 基体与 SnO$_2$ 颗粒之间的润湿性,提高电触头的耐电弧侵蚀能力,提高熔池中熔体的黏度,提高电触头材料的韧性和塑性等,是添加第三组元的主要目的。目前应用于电触头材料的主要添加物及其作用机制可归纳如表 1.1。其中 In 元素在合金内氧化法制备 Ag-SnO$_2$ 电触头材料中已得到广泛使用,其主要作用是促进 O 原子扩散,使 Ag-Sn 合金充分内氧化。但是在粉末冶金法制备电触头中使用 In$_2$O$_3$ 的报道却较少。德国的 Degussa 公司[78] 在粉末冶金法制备的 Ag-SnO$_2$ 基电触头材料中添加颗粒状的 In$_2$O$_3$,所制备的电触头材料在 20~100A 电流,AC3 负载条件下,显示出较低的电触头温升(100℃以下)和熔焊性,表现出类似于 Ag-CdO 的工作寿命(50A 商用开关装置中,超过 200 万次开关循环),具有诱人的潜在价值。但关于 In$_2$O$_3$ 形貌对 Ag-SnO$_2$ 基电触头材料的影响却未有报道,因此本书在粉末冶金法制备的 Ag-SnO$_2$ 基电触头材料中添加多种形貌的 In$_2$O$_3$,研究其在直流负载条件下的抗电弧特性,以进一步了解 In$_2$O$_3$ 的作用机制。

表 1.1　几种常用添加物及其作用机制[65-77]

作用	添加物举例	添加物特性
提高 Ag 与 SnO$_2$ 的润湿性	MoO$_3$,CuO,TeO$_2$,Bi$_2$O$_3$	改变 Ag/SnO$_2$ 界面上应力特征
吸收电弧能量,在电触头表面形成气孔,减小电触头间的熔焊力,并吹拂清洁表面	GeO$_2$,CuO,WO$_3$,Bi$_2$O$_3$,In$_2$O$_3$	在电弧作用下发生热分解或升华,形成气体
提高电弧区熔体的黏度	La$_2$O$_3$,Y$_2$O$_3$,P	在电弧作用下稳定,并与基体存在较好润湿性
减小了电触头间的熔焊力	P	P-Ag,P-P 间结合力都不强,

续表

作用	添加物举例	添加物特性
增加燃弧源，使电弧能量扩散	Li,Fe	最外层电子不稳定
加入 $Ag_x Sn_y$ 合金，在内氧化工艺中，平衡 Sn 原子和 O_2 的扩散速度	In,Sb,La,Bi,Ce,Y	易氧化，并抑制 Sn 反扩散
改善 SnO_2 性质	CuO,La_2O_3,TiO_2	固溶于 SnO_2 中，减小 SnO_2 的禁带等

1.2.2　显微组织调控

除了成分外，显微组织的改进也受到很大关注。目前制备 Ag-SnO$_2$ 的工艺主要是合金内氧化法和粉末冶金法，但针对传统方法存在的缺陷，一些研究人员做了许多工艺改进。其中，内氧化法制备 Ag-SnO$_2$ 时需要考虑材料的氧化反应动力学，所以为实现特定的开关性能而频繁改变添加成分常常是不可能的，显微组织也较难调控，同时该方法还需要考虑高压设备等问题[78-83]。相比而言，粉末冶金法可以在材料中添加任意类型和任意量的增强相和添加成分，微观组织调控具有广阔的空间。传统的粉末冶金（P/M）工艺是将 Ag、SnO$_2$ 以及其他需要添加的物质按比例配好后机械混合。然而，传统粉末冶金法所制备材料存在 SnO$_2$ 颗粒粒度较大（约 $3\sim 5\mu m$），添加剂与基体结合弱，粉体混合不均匀、易团聚等问题，材料的硬度、密度一般相对低于内氧化法制备产品。目前，针对粉末冶金工艺的改进研究，主要集中在以下三个方向：

1.2.2.1　SnO$_2$ 颗粒形貌和尺寸

在现阶段，颗粒强化的 Ag-SnO$_2$ 仍是市场主流产品，因而明确 SnO$_2$ 颗粒尺寸和体积分数对 Ag-SnO$_2$ 性能的影响规律具有重要意义。而实际上，SnO$_2$ 尺寸的大小并不存在某一最佳值，而是根据电路的实际需要而定。细小的 SnO$_2$ 在电弧作用熔池内容易发生分解，产生氧气并排出，对于提高电触头的抗熔焊性能有利[84,85]。从应用角度考虑，提高电触头表面硬度，可降低电触头在反复摩擦时的磨损。根据 Orowan 模型，减小 SnO$_2$ 颗粒尺寸，可提高电触头表面硬度[86,87]。国防科技大学的堵永国等[88] 对 $5 \sim 20 \mu m$ 尺寸范围内 SnO_2 强化的 Ag-SnO_2 的电导率进行了研究，并根据复合材料的传导理论，推导出在体积分数不变的情况下，Ag-SnO_2 体电导率随 SnO_2 颗粒尺寸减小而呈对数下降的关系，但对于纳米和亚微米范围内 SnO_2 尺寸的影响规律尚未有系统研究。为此，本书制备并研究多尺度（纳米、亚微米和微米尺寸）SnO_2 强化的 Ag-SnO_2 电触头材料，在更宽的尺度范围内研究 SnO_2 尺寸对其性能的影响规律，为不同性能需求的颗粒强化 Ag-SnO_2 微结构设计提供理论和实验依据。

近年来，形貌工程受到广泛关注，许多独特形貌的氧化物颗粒被制备出来。乔秀清等[89] 制备出单分散实心微球、空心微球和亚微米棒的 SnO_2 颗粒，并将其应用于 Ag-SnO_2 电触头材料，并研究了其对性能的影响。结果表明，选用亚微米棒状 SnO_2 作增强相有利于电子传输，从而提高电触头材料的电导率。此外，在电接触试验中发现，亚微米棒状 SnO_2 增强的电触头材料具有较低的燃弧能量和燃弧时间，有利于提高抗电弧性能。一维 SnO_2 强化的 Ag-SnO_2 具有巨大的潜在研究价值。本书制备了三种一维形貌的 SnO_2 （管状、棒状和针状），并将其应用于 Ag-SnO_2 电触头材料，与颗粒强化 Ag-SnO_2 电触头材料进行对比，研究 SnO_2 形貌对 Ag-SnO_2 电触头材料性能的影响规律，以期制备出性能更加优良的下一代 Ag-SnO_2 电触头材料。

1.2.2.2　SnO_2 颗粒均匀弥散分布

Heringhaus 等[86] 研究发现，SnO_2 均匀弥散在 Ag 基体中，可有效提高电触头的力学和抗电弧侵蚀性能。目前，将 SnO_2 均匀弥散在 Ag 基体中主要有三种方式：

第一种是固相混合。将已制得的 SnO_2 和 Ag 以及其他添加物粉体按比例均匀混合后烧结，但传统的球磨方式一般在 $1 \sim 2 \mu m$ 就达到极限。刘海英等[90] 采用高能球磨，通过机械作用使 Ag 和 SnO_2 颗粒破碎、细化，使 SnO_2 钉扎进入 Ag 颗粒中，以此制备的电触头材料中，尺寸约为 $50nm$ 的 SnO_2 均匀弥散在 Ag 基体中。然而，高能球磨过程中产生了大量的晶格畸变，粉体吸附了大量气体，如果采用常规的压制、烧结，会发生很严重的膨胀，难以致密化，必须进行复杂的真空排气、热处理等。付翀等[91,92] 通过高能球磨制备 Ag-SnO$_2$ 复合粉体，再通过等离子喷涂方法，将其直接冷喷涂到 Cu 基体，从而解决了粉末冶金方法制备 Ag-SnO$_2$ 材料的加工难题，但等离子喷涂的电触头表面由于熔融颗粒的铺展形成较大的表面粗糙度，致密度低，缺陷较多，耐压强度值波动范围大，电阻率较高。

第二种方法是使 Ag 和 SnO$_2$ 颗粒同时从 Ag 和 Sn 均匀混合的溶液或化合物中原位析出。该方法制得的 Ag-SnO$_2$ 粉体基本延续了原溶液或化合物中 Ag 和 Sn 元素的均匀性，因而可制得纳米级 SnO$_2$ 均匀弥散在 Ag 基体中的电触头材料。Yang 等[93] 采用水热法，对 Ag$^+$ 和 Sn^{4+} 离子进行强制水解，得到纯度较高、增强相粒度分布较窄的 Ag-SnO$_2$ 电触头材料。Krenek 等[94] 通过共分解乙酰丙酮银和六氟乙酰丙酮亚锡得到 Ag/Ag$_x$Sn（$x=4/6.7$）/SnO$_2$。Yin 等[95] 制备了 Ag$_2$SnO$_3$ 并直接分解得到 Ag 和 Sn 元素均匀分布的 Ag-SnO$_2$ 纳米复合材料。Shakerian 等[96] 采用以碳酸盐为沉淀剂的化学共沉淀方法，研究了 Sn 源种类、反应物浓度和沉淀剂比例的影响，也制备出 Ag 和 Sn 元素均匀混合的 Ag-SnO$_2$ 复合粉体。在前期工作中[15] 发现柠檬酸可与 Ag^{2+} 和 Sn^{4+} 离子形成络合物，形成含有 Ag 和 Sn 的溶胶，并可在 400℃ 以下分解形成 Ag-SnO$_2$ 复合粉体，以此粉体制备的电触头材料中 30～50nm 的 SnO$_2$ 颗粒均匀弥散在 Ag 基体内。然而，在这类方法制备的电触头中，SnO$_2$ 的尺寸往往在纳米级，电触头表现出极高的硬度和脆性，加工难度较大，塑性变形时常出现开裂等状况，制约了其商业推广。

第三种方法是通过非均匀沉淀在已制得的 SnO$_2$ 颗粒表面生成 Ag 包覆层，再将粉体烧结成型。Wolmer 等[97] 通过机械搅拌和超声得到 SnO$_2$ 悬浮液，再分别滴加 Ag 化合物和还原剂溶液，使 Ag 颗粒在 SnO$_2$ 颗粒上均匀沉积，洗涤并收集得到 Ag 包覆 SnO$_2$ 的复合粉体，成功制备出约 100nm 的 SnO$_2$ 颗粒均匀弥散在 Ag 基体中的 Ag-SnO$_2$ 电触头材料，以此方法制备电触头材料已在工业上得到广泛应用。本书采用此方法，并结合前期研究[15]，加入柠檬酸进行辅助，在无超声参与的情况下制备增强相均匀弥散的 Ag-SnO$_2$ 电触头材料。

1.2.2.3　SnO$_2$ 颗粒定向纤维状排布

根据磁流变和电流变效应原理，当 SnO$_2$ 颗粒沿电流方向形成定向纤维状结构排列时，电触头整体电导率和电导性能可近似于纯 Ag，而机械强度也因 SnO_2 颗粒形成纤维增强[98]。此外，当 SnO_2 纤维在电触头表面垂直分布时，对电弧区熔池内熔体将形成强烈的稳固作用，从而降低液滴喷溅程度[59]。近年来，通过大塑性变形实现 SnO_2 纤维排列已在电触头行业广泛应用[99]。张志伟等[100] 研究了反应合成 Ag-SnO_2 电触头材料在大塑性变形中的显微组织变化过程，发现在挤压过程中原本团聚的 SnO_2 颗粒被不断打散，形成细小质点，并随 Ag 基体沿挤压方向流动而形成纤维状组织，制得电触头的抗电弧性能提高。桂林电器采用正向热挤压加工 Ag-SnO_2 带材[101]，使材料致密化的同时，促进了氧化物的弥散，并随流变方向呈纤维状。然而，采用大塑性变形需要重复将电触头材料进行退火、挤压和拉拔，工艺较烦琐。Ćosović 等[102] 采用模板法，以滤纸为模板，在燃烧过程中 SnO_2 沿滤纸孔径生长，烧结成型得到 SnO_2 平行于电触头表面定向分布的 Ag-SnO_2 电触头材料，表现出较高的硬度和电导率。研究表明[103]，热压过程中，坯体在垂直于压力方向上延伸，在平行压力方向上收缩，在应变能作用下，陶瓷相可发生偏移和旋转而重新排列，最终稳定在垂直于压力的方向上。鉴于此，本书提出通过热压烧结方法制备一维 SnO_2 强化的 Ag-SnO_2 电触头材料，使一维 SnO_2 在平行于电触头表面的方向上定向排列。

1.2.2.4 Ag/SnO_2 界面

对 Ag/SnO_2 界面进行改性，可以改善电触头材料工作状态下的热和力学性能。Lorrain 等[104] 研究了反应球磨制备 Ag-SnO_2 复合粉体的动力学机制，发现 Ag_2O 和 Ag_3Sn 在球磨过程中原位反应生成 SnO_2 和 Ag，两相间界面新鲜，具有较好的结合。陈敬超等[105,106] 研究了固相反应合成过程中的相变，观察到 Ag_6O_2 新相的存在，发现 SnO_2 与其存在特定的晶格匹配关系，使 Ag/SnO_2 界面结合增强。刘伟利等[100] 以 PEG-6000 为球磨介质，还原 SnO_2 颗粒表面，在 Ag/SnO_2 界面上形成 Ag-Sn 化学键合，提高界面结合强度，使电触头的力学和电学性能得到显著提高。郑冀[37] 对 SnO_2 首先进行化学包覆 Ag 改性，再用于 Ag-SnO_2 电触头材料，发现材料的电导率、致密度都有明显提高，并且具有较好的热稳定性，材料熔点提高，热损失量下降。本书采用非均匀沉淀法，对 SnO_2 表面化学包覆 Ag，以实现两相间的良好结合。

综上所述，研究 SnO_2 尺寸、形貌、体积分数和 In_2O_3 添加对 Ag-SnO_2 电触头材料微结构的调控具有重要意义。相比于内氧化法，采用粉末冶金法制备 Ag-SnO_2 电触头材料具有设备要求低、操作简单、增强相显微组织和成分易控等优势，经过工艺优化后，具备制备高性能 Ag-SnO_2 电触头材料的潜力。其中，非均匀沉淀法制备的 Ag-SnO_2 电触头材料中两相结合良好，具有优异的性能。因此，本书利用非均匀沉淀法，对增强相尺寸、形貌、体积分数和添加成分等参数进行调控和优化，探究微结构对 Ag-SnO_2 性能的影响和相关机制。

1.3 Ag-Ni 电触头材料微观结构调控

Ag-Ni 系列电触头材料具有接触电阻低且稳定、低直流负载下抗熔焊性能优异、电弧侵蚀小和加工性能优异等优点，因此在 20A 以下的继电器和接触器的辅助电触头上大量使用来替代 Ag-CdO 材料[53-57]。但在实际应用中，Ag-Ni 电触头材料也暴露出机械强度低，材料转移严重，在浪涌电流或高温环境下抗熔焊性差等缺点。时至今日，有关 Ag-Ni 电触头材料的改进工作仍在进行。与 Ag-SnO_2 相同，Ag-Ni 电触头材料的微观结构调控也有成分调控和显微组织调控两种，本书仅涉及显微组织调控。目前，Ag-Ni 电触头材料的显微组织调控主要有 Ni 相均匀弥散强化和 Ni 相纤维化两种思路。

1.3.1 Ni 颗粒均匀弥散

传统粉末冶金法制备 Ag-Ni 电触头时采用混粉机对 Ag 粉、Ni 粉和其他添加元素进行机械混合。这种方法工艺简单，设备要求低，并可在较大范围内调整合金成分。但该方法制备的材料存在密度低，Ni 颗粒粗大、易团聚等缺点。大量研究发现[107-111]，Ag-Ni 电触头抗熔焊性低的主要原因在于燃弧时 Ag 相间易发生焊合，所以，实现 Ni 相在 Ag 基体中的均匀弥散分布成为当前的一个重要发展方向，在该方向上，纳米技术和共沉淀是两种主要实现方法。

1.3.1.1 Ag-Ni 纳米合金化

在块体尺度下，Ag-Ni 体系由于存在 14% 的原子半径差和 +23kJ/mol 的混合能[112]，二元固溶很难实现。然而有研究显示[112]，利用尺寸效应，纳米尺寸下可以合成出具有过饱和固溶 Ag_xNi_y。尺寸的细化对加速合金化有着重要的作用。纳米晶的一个重要的特征是随着金属颗粒的尺寸变小，合金的形成温度逐渐降低。该特征使不熔体系形成合金的可能性增加。同时，由于纳米材料组成晶粒超细，大量原子位于晶界上，在力学性能、物理性能和化学性能等方面都优于普通的粗晶材料。Srivastava 等[113] 通过理论推导，并以 $NaBH_4$ 为还原剂，在水溶液中成功制备出面心立方结构的纳米 Ag_xNi_y 合金颗粒，又通过电化学沉淀法，制备出富 Ni 的 Ag_xNi_y 合金镀层，其厚度在 10nm 以下[114]。Zhang 等[115] 利用 γ 射线诱导同步还原制备 Ag_xNi_y 合金粉体，其尺度大概在 6nm。由于纳米级粉体晶粒细微，存在很大的比表面积和内应力，处于热力学不平衡的状态，在热处理过程中，纳米级粉末便很容易发生晶粒长大。在制备电触头的致密化过程中也易于产生两个相互矛盾的问题：一是烧结温度较低时存在残余空隙度；二是由于烧结温度的升高，导致粉末的纳米晶结构被破坏。王俊勃等[116] 采用机械合金化方法制备了纳米 Ag-Ni 复合粉体，并通过热压成功制备纳米复合的 Ag-Ni 电触头，表现出优于传统 Ag-Ni 的抗电弧侵蚀性。此外，由于晶粒尺寸细小，导电电子在界面处的散射增强，材料往往具有较高的电阻率，同时这种材料极高的硬度也增加了加工上的难度，限制了该方法的商业化应用。

1.3.1.2 化学沉淀法

目前，以化学沉淀法制备 Ag-Ni 电触头材料主要采用的是共沉淀法。该方法通过一种共沉淀剂将 Ag、Ni 和其他添加元素从盐溶液中沉淀析出，经洗涤、煅烧、还原后得到均匀分散的混合粉体。在共沉淀过程中，Ag、Ni 和其他添加元素在沉淀剂作用下同时析出，在煅烧过程中从沉淀物中原位析出，因而具有增强相细小、分布均匀的特点。赵建国等[117] 采用化学共沉淀法制备了 Ag-Ni 前驱体粉体后，经空气煅烧和氢气还原得到 Ag-Ni 粉体，经烧结和热挤压制备的电触头材料在物理和电学性能方面达到国外同类产品的水平。该方法操作简单、设备要求低，已被许多企业用于生产。但这种工艺制备的粉体往往需要经过氢气还原，工艺较烦琐。Delogue[118] 报道了一种先进的机械化学沉淀法，将 Ag、Ni 草酸盐直接分解形成金属 Ag-Ni 粉体。L'vov[119] 的研究说明 NiC_2O_4 可在惰性气氛中直接分解形成金属 Ni。以 $H_2C_2O_4$ 作沉淀剂，通过化学沉淀法制备 Ag-Ni 电触头材料可望去除氢气还原环节，缩短工艺流程。此外，Yao 等[120] 发现，通过控制 pH 值和 $H_2C_2O_4$ 与 $C_2H_8N_2$ 的浓度的情况下可实现对 $[Ni(C_2H_8N_2)_y]C_2O_4 \cdot xH_2O$ 的形貌控制。因此，本书以 $H_2C_2O_4$ 为沉淀剂开展 Ag-Ni 电触头材料的化学共沉淀制备，同时分析 Ag^+-Ni^{2+}-$C_2O_4^{2-}$-H_2O 系统中的沉淀-络合情况，实现对增强相 Ni 形貌的控制，制备出两种 Ag-Ni 电触头材料，以满足不同需求。

1.3.2 纤维复合

纤维增强金属基复合材料在其纤维方向上具有很大的定向优势，因而，自其问世以来，一直受到各界的高度关注。特别是在美国将硼纤维增强铝合金复合材料，成功应用于"哥伦比亚"号航天飞机机身桁架支柱上后[121]，纤维增强金属基复合材料的发展受到极大的推动。在传统粉末冶金法制备的 Ag-Ni 电触头材料中，Ni 主要以颗粒状均匀分布在 Ag 基体中。而定向排列的 Ni 纤维强化的 Ag-Ni 电触头材料具有较高的抗拉强度、硬度和抗电弧性能[55]。纤维复合强化技术在 Ag-Ni 电触头材料上的应用已有许多成功案例。王永根[122] 通过多次大塑性变形冷加工，使材料中的 Ni 细化、纤维化，最终以短纤维的形式均匀分布在 Ag 基体中，大大提高了 Ag-Ni 线材的硬度及强度，同时电触头材料的电接触寿命增长，接触电阻更加低且稳定。然而这些方法中，原始烧结坯内的 Ni 颗粒尺寸细小，经塑性变形后形成的纤维较短（约 $20\mu m$）。张昆华[123] 研究了大塑性变形过程中 Ag-Ni 复合丝材的变形过程，发现 Ni 纤维的形成主要是 Ag 和 Ni 两相协同变形导致。因此，本书提出通过包覆法制备 Ni 包覆 Ag 颗粒的复合粉体，经烧结，制备出 Ni 呈三维网状的烧结坯，在塑性变形过程中，Ni 网与 Ag 基体的协同变形加剧，促进 Ni 网破碎和拉长，形成长且连续的纤维，提高电触头的抗电弧性能。

综上所述，Ni 相均匀弥散强化和纤维复合强化法是两种改善 Ag-Ni 电触头微结构的有效方法。从 Ni 相均匀弥散角度出发，共沉淀法具有操作简单和设备要求低的优点，本书以 $H_2C_2O_4$ 作沉淀剂，可去除氢气还原环节，缩短工艺流程，并可实现 Ni 形貌控制，为制备不同负载需求的 Ag-Ni 电触头材料提供可能；从纤维复合强化角度出发，本书采用包覆-烧结-大塑性变形的方法，烧结坯中 Ni 呈三维网状，Ni 网包覆 Ag 基体，加剧大塑性变形中 Ni 的协同变形，有利于延长 Ni 纤维长度和连续性，提高电触头的抗电弧性能。

第2章

SnO$_2$ 形貌可控合成及其机理

SnO$_2$ 是 Ag-SnO$_2$ 电触头材料中除 Ag 外用量最大的成分，大量研究[124-127] 证明，增强相的形貌对复合材料的性能有重要影响。但目前关于 Ag-SnO$_2$ 中 SnO$_2$ 形貌调控的研究却较少。浙江大学的乔秀清[89] 对不同形貌（空心微球、实心微球和亚微米棒状）的 SnO$_2$ 增强的 Ag-SnO$_2$ 电触头材料进行了性能对比，发现棒状 SnO$_2$ 强化的电触头具有良好的综合性能。但关于其他形貌 SnO$_2$ 对 Ag-SnO$_2$ 电触头材料的性能研究却未见报道。本章研究 SnO$_2$ 形貌的可控合成，制备四种形貌的 SnO$_2$，为后续开展 Ag-SnO$_2$ 微组织调控打下基础。

SnO$_2$ 粉体的制备方法主要有固相法、液相法和气相法三大类，每类又可细分为许多方法。其中，液相沉淀法具有设备要求低、操作简单和环境污染小的优点。采用该方法已制备出诸如纳米片[128,129]、微球[130-132]、纳米棒[89,133]、纳米线[134] 等多种形貌的 SnO$_2$。SnC$_2$O$_4$ 配合物具有 C$_2$O$_4^{2-}$ 桥连而成的链式结构，生长具有较强的各向异性习性[135]。通过控制 SnC$_2$O$_4$ 配合物中离子的配位情况和晶体的生长习性，可实现对 SnC$_2$O$_4$ 的形貌控制，在热分解后得到相应形貌的 SnO$_2$ 粉体。以 SnC$_2$O$_4$ 为前驱体制备 SnO$_2$ 已有许多报道[89,136-139]，但关于形貌形成机制的分析却仍欠缺，例如，对该方法制备的棒状 SnO$_2$ 中会出现管状粉体的现象[89,139]，仍未有很好解释。

本章采用简单、环保的化学沉淀法制备 SnC_2O_4 前驱体，通过控制混合方式、反应温度、反应物浓度、反应时间和表面活性剂等实现对前驱体形貌的控制，制备出四种形貌（颗粒状、管状、棒状和针状）的前驱体，并深入分析前驱体形貌的形成机理，分析前驱体的热分解行为，最终获得相应形貌的 SnO_2 粉体。

2.1 合成方法

2.1.1 原料

所用试剂及其生产厂家情况如表 2.1。

表 2.1　原料列表

名称	级别	生产厂家
硫酸亚锡（$SnSO_4$）	分析纯	国药集团化学试剂有限公司
无水乙醇（C_2H_5OH）	分析纯	国药集团化学试剂有限公司
硝酸（HNO_3）	分析纯	国药集团化学试剂有限公司
氢氧化钠（$NaOH$）	分析纯	国药集团化学试剂有限公司
二水合草酸（$H_2C_2O_4 \cdot 2H_2O$）	分析纯	国药集团化学试剂有限公司
聚乙烯吡咯烷酮（PVP）	分析纯	国药集团化学试剂有限公司

2.1.2 工艺过程

分别配制 $H_2C_2O_4$ 和 $SnSO_4$ 溶液各 200mL，在一定的温度下，滴定混合两种溶液（滴定速率为 40mL/min），持续搅拌并时效一定时间后，离心分离并用去离子水和乙醇洗涤沉淀产物，在烘箱中 50℃烘干 24h 得到前驱体，在 600℃煅烧 1h 后得到 SnO_2 粉体。具体反应条件如表 2.2 所示。其中，正滴是指向 $SnSO_4$ 溶液中滴 $H_2C_2O_4$ 溶液的混合方式，反滴是指向 $H_2C_2O_4$ 溶液中滴 $SnSO_4$ 溶液的混合方式，PVP 添加量相对 SnC_2O_4 产物计算。

表 2. 2　合成四种典型形貌 SnC₂O₄ 前驱体的实验参数

样品编号	反应温度/℃	时效时间/min	$H_2C_2O_4$ 浓度/(mol/L)	$SnSO_4$ 浓度/(mol/L)	混合方式	PVP添加量（质量分数）/%	形貌
S1	20	30	0. 10	0. 10	正滴	0	颗粒状
S2	20	120	0. 05	0. 10	反滴	0	管状
S3	20	120	0. 30	0. 10	反滴	0	棒状
S4	80	120	0. 10	0. 10	反滴	1	针状

2. 1. 3　分析

2. 1. 3. 1　红外光谱（FT-IR）分析

采用美国 Thermo Scientific 公司的 Nicolet iS5 型 FT-IR 光谱仪，耦合该公司的 iD7 型衰减全反射（ATR）进行红外光谱测试，分析前驱体的官能团组成。

2. 1. 3. 2　差热-失重（DSC-TG）分析

采用法国 SETARAM 公司的 SETSYS Evolution-16 型 DSC-TG 分析仪对前驱体进行热分析，所用气氛为氧气，加热速度为 10℃/min。

2. 1. 3. 3　X 射线衍射（XRD）物相分析

XRD 测试采用荷兰 Philips 公司的 PW3040/60 型 X 射线衍射仪，利用 Cu Kα 辐射，其波长 $\lambda = 0.15418nm$，管压 40kV，管流 200mA，对样品进行 X 射线衍射分析，获得衍射图谱，可对样品进行物相分析，并通过 MDI JADE 软件计算得出样品的晶格常数。

2. 1. 3. 4　显微组织分析

采用日本 JEOL 公司的 JSM-7001F 型 FE-SEM 观测各种参数下粉体和样品的形貌以及电子能谱（EDS），测试加速电压为 15kV。

2. 2　四种典型形貌 SnC₂O₄ 前驱体的表征

四种典型前驱体的形貌如图 2.1 所示。四种前驱体颗粒尺寸均匀，团聚度低。S1 前驱体为颗粒状，尺寸为 $10\sim15\mu m$；S2 前驱体为空心的管状，截面为四方形，外径为 $3\sim5\mu m$，长度约为 $20\mu m$；S3 前驱体为实心的短棒，直径为 $3\sim5\mu m$，长度为 $20\sim30\mu m$；S4 前驱体为实心的针状，直径约为 $0.5\mu m$，长度为 $15\sim30\mu m$。

图 2.1　四种典型前驱体的形貌

(a) S1；(b) S2；(c) S3；(d) S4

图 2.2 为四种前驱体的红外图谱。总体来看，四种前驱体的红外图谱基本相似，说明四种前驱体具有相同的官能团组成。在 $3200\sim3500cm^{-1}$ 范围内均

没有检测到吸收峰，说明粉体中不存在结晶水[140]。在 1597cm⁻¹，1342cm⁻¹，1296cm⁻¹ 附近出现的多个吸收峰都由 C＝O 键的伸缩振动引起[140]。在 789cm⁻¹ 附近极强的吸收峰是由 O—C—O 键和 C—C 键一起导致。以上特征吸收与 Wladimirsky 等[141] 对 SnC₂O₄ 的红外图谱的叙述基本一致，四种前驱体都为 SnC₂O₄。在 3700～2900cm⁻¹ 区间内的多个吸收峰对应于—OH 中的弯曲和伸缩振动。氢氧化物和水分子中 O—H 的特征吸收存在差别，水分子中的 O—H 伸缩振动频率较低较宽，弯曲振动通常在 1654cm⁻¹ 附近，而氢氧化物中 O—H 的弯曲振动通常在 1200～600cm⁻¹ 区间[140]。在 1750～1420cm⁻¹ 区间的宽峰，根据 Fujita 等[142,143] 的分析，可分解为两个峰，包括吸附水中 O—H 的弯曲振动和 C＝O 键的反对称伸缩振动。而在 3676cm⁻¹，2988cm⁻¹，2902cm⁻¹，1081cm⁻¹ 的多个吸收峰说明了"自由"—OH 的存在。由于氢键束缚，以及 O 原子与金属离子的固定连接，氢氧化物中的—OH 表现出其独特的特征，包括高频伸缩振动和后移的弯曲振动特征吸收。

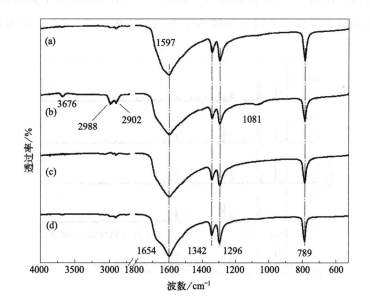

图 2.2　四种典型前驱体的红外图谱

(a) S1；(b) S2；(c) S3；(d) S4

SnC_2O_4 分子中，$C_2O_4^{2-}$ 和 Sn^{2+} 交替链接形成波折的一维链状（如图 2.3），处于波折处的 Sn^{2+} 顶端存在孤立电子，恰好可与—OH 的孤立电子配对成键[135]。对于 S2 前驱体，其"自由"—OH 对应的吸收峰的增强，说明 Sn-OH 的大量存在，恰好对应其管状的形貌中大量存在的暴露侧面。据此可推测，一维前驱体的侧面对应 SnC_2O_4 中波折的 Sn^{2+} 尖端，管状前驱体内壁形成大量的 Sn-OH 配位。

图 2.3　SnC_2O_4 分子结构

四种前驱体的 XRD 图谱如图 2.4 所示，四种前驱体均为单斜相 SnC_2O_4。值得注意的是，一维形貌的前驱体 S2、S3 和 S4 的（111）特征峰明显增强，

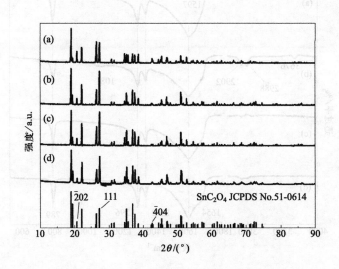

图 2.4　四种典型形貌前驱体的 XRD 图谱

(a) S1；(b) S2；(c) S3；(d) S4

而与之垂直的（$\bar{2}02$）和（$\bar{4}04$）特征峰减弱，说明其存在明显的取向生长。SnC₂O₄ 分子中，$C_2O_4^{2-}$ 和 Sn^{2+} 交替链接形成波折的一维链状，如图 2.3 所示。其中，$C_2O_4^{2-}$ 形成的面平行于（111）和（$1\bar{1}1$）。根据周期键链理论[144,145]，SnC₂O₄ 前驱体晶体生长过程中，（111）和（$1\bar{1}1$）两个面交替生成，形成一维结构。由于（$1\bar{1}1$）消光，因而只观察到（111）对应衍射峰的增强。

2.3　SnC₂O₄ 前驱体生长维度的控制

2.3.1　混合方式对 SnC₂O₄ 前驱体形貌的影响

针对 S1 前驱体，在其他工艺条件不变的情况下，分别选择将 $H_2C_2O_4$ 滴加到 $SnSO_4$ 溶液（正滴）和将 $SnSO_4$ 溶液滴加至 $H_2C_2O_4$ 溶液（反滴）这两种混合方式，研究混合方式的不同，对粉体形貌及粒径的影响。

图 2.5 为在不同混合方式下制得的粉体前驱体的扫描电镜照片。由图中可

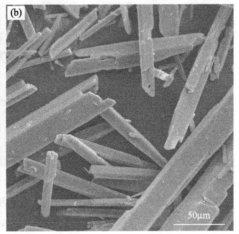

图 2.5　不同混合方式合成的 S1 前驱体形貌

（a）正滴；（b）反滴

以看出，混合方式对所制得的前驱体的形貌有较大的影响。其中，正滴制备的粉体呈不规则多面体形状，棱角清晰可辨，颗粒尺寸在 $10\sim20\mu m$，分散性良好，团聚度较低；反滴制备的粉体呈一维的棒状或管状，直径在 $50\sim100\mu m$，长径比为 $(5:1)\sim(6:1)$，分散性较好，团聚度较低。

2.3.2　反应时间对正滴合成 SnC_2O_4 前驱体形貌的影响

正滴反应沉淀物的形核-长大过程如图 2.6 所示。在加入 $H_2C_2O_4$ 前，Sn^{2+} 以 $Sn_3O(OH)_2SO_4$ 配位物的形式，生成片层状结构的沉淀物，如图 2.6 (a)，其 XRD 图谱如图 2.7 所示，与 $Sn_3O(OH)_2SO_4$ 特征峰相匹配（JCPDS No. 72-0421）。Sn^{2+} 的水解反应如下：

$$3Sn^{2+}+SO_4^{2-}+3H_2O \Longrightarrow Sn_3O(OH)_2SO_4\downarrow+4H^+ \qquad (2.1)$$

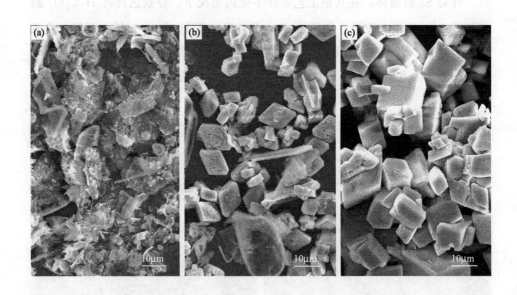

图 2.6　不同反应时间（从滴定开始计时）合成的 S1 前驱体形貌

(a) 0min；(b) 1min；(c) 10min

随着 $H_2C_2O_4$ 的加入，在滴定进行 1min 时，片层状的 $Sn_3O(OH)_2SO_4$ 逐渐消失，形成颗粒状的 SnC_2O_4。值得注意的是，在颗粒状 SnC_2O_4 的端面存在片状的物质（如图 2.8）。这很可能是因为在正滴反应中 SnC_2O_4 夺取 $Sn_3O(OH)_2SO_4$

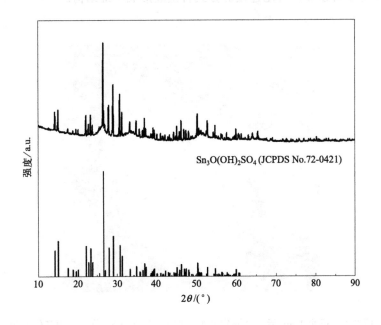

图 2.7　$SnSO_4$ 水解产物的 XRD 图谱

中的 Sn^{2+}，由于其生长快速，所以在其一维生长方向上形成"吞噬"片状 $Sn_3O(OH)_2SO_4$ 配合物的现象。而在 SnC_2O_4 端面贴附的 $Sn_3O(OH)_2SO_4$ 配合物也会抑制 SnC_2O_4 一维方向的进一步生长。所以，当反应时间延长到 10min 时，大部分产物均以颗粒状形貌存在。以上证据说明，$SnSO_4$ 水解产物 $Sn_3O(OH)_2SO_4$ 的存在是造成颗粒状 SnC_2O_4 形成的根源。由于 $SnSO_4$ 的剧烈水解，在正滴开始前的底液中，Sn^{2+} 大量以 $Sn_3O(OH)_2SO_4$ 配合物形式存在，这极大降低了底液中可参与反应的 Sn^{2+} 浓度。在开始滴定时，$C_2O_4^{2-}$ 掠夺 $Sn_3O(OH)_2SO_4$ 配合物中的 Sn^{2+}，并在 $Sn_3O(OH)_2SO_4$ 上异质形核。与此同时，片状的 $Sn_3O(OH)_2SO_4$ 配合物也倾向于在 SnC_2O_4 的端面（高能面）上吸附，抑制其在该方向的生长。在 SnC_2O_4 分子链间，Sn^{2+} 上孤立电子与相邻分子链上 O 的孤立电子可形成配对，而在 SnC_2O_4 分子链延长受阻的情况下，这种配对所造成的 SnC_2O_4 分子链间的横向自组装成为 SnC_2O_4 生长的主要方式，最终形成长径比较低的颗粒状。相反，采用反滴混合时，在滴定初期，滴液中高浓度的 $H_2C_2O_4$ 使 $Sn_3O(OH)_2SO_4$ 发生溶解，使得

SnC_2O_4 分子可以按照首尾连接的方式自组装形成一维结构。

图 2.8　正滴 1min 后（从滴定开始计时），合成的 S1 前驱体的高倍形貌

2.4　一维 SnC_2O_4 前驱体的尖端溶解现象

2.4.1　Sn^{2+} 和 $C_2O_4^{2-}$ 摩尔比对 SnC_2O_4 前驱体形貌的影响

针对 S2 前驱体，在其他工艺条件不变的情况下，选择不同的 Sn^{2+} 和 $C_2O_4^{2-}$ 摩尔比，研究 Sn^{2+} 和 $C_2O_4^{2-}$ 摩尔比对粉体形貌及粒径的影响。

图 2.9 为不同 Sn^{2+} 和 $C_2O_4^{2-}$ 摩尔比条件下，合成前驱体粉体的扫描电镜照片。当 Sn^{2+} 和 $C_2O_4^{2-}$ 摩尔比为 3:1，即沉淀剂不足时，前驱体为尺寸粗大的管状，长度约为 $50\mu m$，外径约为 $10\mu m$，内径约为 $6\mu m$；当 Sn^{2+} 和 $C_2O_4^{2-}$ 摩尔比为 1:1 时，前驱体尺寸较小，长度约为 $10\mu m$，外径约为 $5\mu m$，许多前驱体的端面上出现凹陷，凹陷区直径约为 $2\mu m$；当 Sn^{2+} 和 $C_2O_4^{2-}$ 摩尔比为 1:2 时，即沉淀剂过量 1 倍时，前驱体长度约为 $10\mu m$，横截面为边长约为 $3\mu m$ 四方形的实心棒状，前驱体的端面较平，与侧面几乎垂直，前驱体中

很难发现管状形貌的颗粒；当 Sn^{2+} 和 $C_2O_4^{2-}$ 摩尔比为 1：3 时，即沉淀剂过量 2 倍时，前驱体为长度约为 $15\mu m$，直径约为 $3\mu m$ 的实心棒，前驱体的端面先前凸出。随着 Sn^{2+} 和 $C_2O_4^{2-}$ 摩尔比的下降，管状形貌的前驱体逐渐减少。当 Sn^{2+} 和 $C_2O_4^{2-}$ 摩尔比达到 1：2 以上时，产物内已经发现不了管状形貌的前驱体。

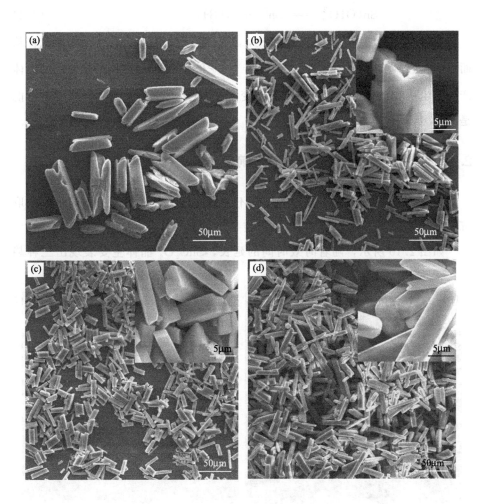

图 2.9　不同 Sn^{2+} 和 $C_2O_4^{2-}$ 摩尔比合成的 S2 前驱体形貌

(a) 3：1；(b) 1：1；(c) 1：2；(d) 1：3

关于管状前驱体的形成，乔秀清[89] 认为是由于熟化导致，由于一维晶体尖端电荷密度较高，容易发生溶解，最终形成空心的管状晶体，但溶解的原因却未有解释。结合本实验的现象，这种溶解很可能与 Sn^{2+} 和 OH^- 的配位形成有关。在 Sn^{2+}-$C_2O_4^{2-}$-H_2O 体系中，存在 Sn^{2+} 的配位平衡[146]：

$$SnC_2O_4 \downarrow + nH_2O \Longrightarrow Sn(OH)_n^{2+} \downarrow + H_2C_2O_4 + (n-2)H^+ \quad (2.2)$$

$$SnC_2O_4 \Longrightarrow Sn^{2+} + C_2O_4^{2-} \quad (2.3)$$

$$Sn(OH)_n^{2+} \Longrightarrow Sn^{2+} + n(OH)^- \quad (2.4)$$

通过降低 Sn^{2+} 和 $C_2O_4^{2-}$ 摩尔比，可以抑制 $Sn(OH)_n^{2+}$ 配位的形成，从而得到实心棒状的前驱体。反之，随着 Sn^{2+} 和 $C_2O_4^{2-}$ 摩尔比的提高，前驱体产物发生从实心棒状到空心管状的改变。在本体系中 $Sn(OH)_n^{2+}$ 沉淀物可能是 $Sn_3O(OH)_2SO_4$。

2.4.2 时效时间对管状 SnC_2O_4 前驱体形貌的影响

针对 S2 前驱体，在其他工艺条件不变的情况下，在时效的不同阶段抽取沉淀物，以观察空心管状前驱体的形核-长大过程。

如图 2.10 所示，随着时效时间的延长，SnC_2O_4 晶体主要表现出三种趋

图 2.10 不同时效时间合成的 S2 前驱体形貌

(a) 0min；(b) 60min

势：第一，随着时效时间的延长，SnC$_2$O$_4$ 颗粒逐渐长大，从时效初期（0min）的直径约为 2μm、长度约为 8μm 到 60min 时的外径约为 3μm、长度约为 10μm，最后形成 120min 时的外径约为 4μm、长度约为 20μm［图 2.1（b）］；第二，随着反应时间的延长，SnC$_2$O$_4$ 的横截面，从时效初期（0min）的近圆形，逐渐演变成 60min 以后的四方形，且棱角逐渐鲜明；第三，时效初期（0min）形成的 SnC$_2$O$_4$ 为端面平滑的实心棒状，随着时效时间的延长，一维 SnC$_2$O$_4$ 的端面出现喇叭状的腐蚀坑（60min），并逐渐向内深入，形成空心的管状形貌（120min）。

2.5　实心棒状前驱体的尺寸和长径比控制

2.5.1　时效时间对棒状 SnC$_2$O$_4$ 前驱体形貌的影响

针对 S3 前驱体，在其他工艺条件不变的情况下，选择不同时效时间，研究时效时间对粉体形貌及粒径的影响。

图 2.11 为在不同时效时间合成的 SnC$_2$O$_4$ 前驱体的扫描电镜照片。由图中可以看出，随着时效时间的延长，SnC$_2$O$_4$ 前驱体的形貌均保持为一维的棒状，但尺寸发生明显变化。时效初期（15min），前驱体尺寸较小，且尺寸分布较不均匀，较粗的棒状颗粒，直径可达 3μm，而细的棒直径约为 1μm，长度为 10～20μm；时效时间延长到 30min 时，粉体的直径分布也存在明显的不均匀，较粗的棒状颗粒直径可达 4μm，而细的棒直径仅为 1μm，长度为 10～20μm；时效 60min 时，粉体的尺寸已经基本均匀，直径约为 3μm，长度为 20～25μm；时效 120min 时合成的粉体尺寸均匀［图 2.1（c）］，直径在 3～5μm 之间，长度为 20～30μm。另外，可以注意到粉体中较粗的颗粒截面多为四方形，而较细的棒多为圆棒。随着时效时间的延长，前驱体颗粒表现出明显的 Ostwald 熟化现象[147]，小颗粒逐渐溶解，大颗粒逐渐长大，当反应时间在 30min 时，粉体均匀性最差，进一步延长反应时间，可明显改善粉体尺寸均匀性，反应时间达到 120min 后，粉体均匀性良好。

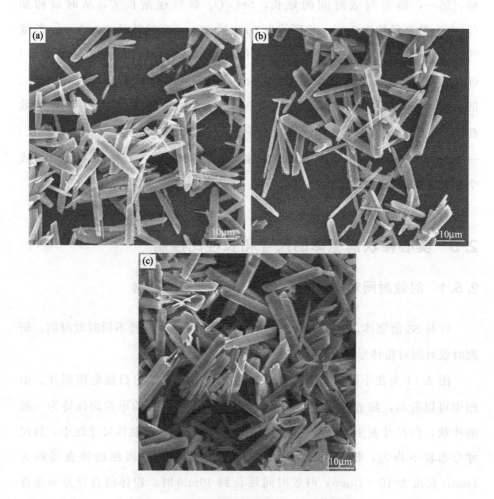

图 2.11　不同时效时间合成的 S3 前驱体形貌

(a) 15min；(b) 30min；(c) 60min

2.5.2　反应温度对 SnC_2O_4 前驱体的形貌影响

针对 S3 前驱体，在其他工艺条件不变的情况下，选择不同的反应温度，研究反应温度对粉体形貌及粒径的影响。

图 2.12 为在不同反应温度合成的前驱体粉体的扫描电镜照片。由图中可以看出，随着反应温度的提高，SnC_2O_4 前驱体的形貌始终保持为一维的棒

状，但尺寸发生明显变化。反应温度为 0℃时，粉体的形貌呈尺寸不一的棒状，棒的尺寸较小，长度为 $10\sim20\mu m$，棒粗约为 $2\mu m$，其间混杂着细小的针状小颗粒；在室温（20℃）合成的粉体分散性良好，长度为 $20\sim30\mu m$，棒直径约为 $3\mu m$；进一步提高温度到 50℃后，棒也保持良好的分散性，随着温度提高，棒的尺寸有略微变大，但不明显；当温度进一步提高到 80℃后，前驱体具有良好的分散性，但尺寸较粗大，尺寸均匀度较差。随着温度的提高，从

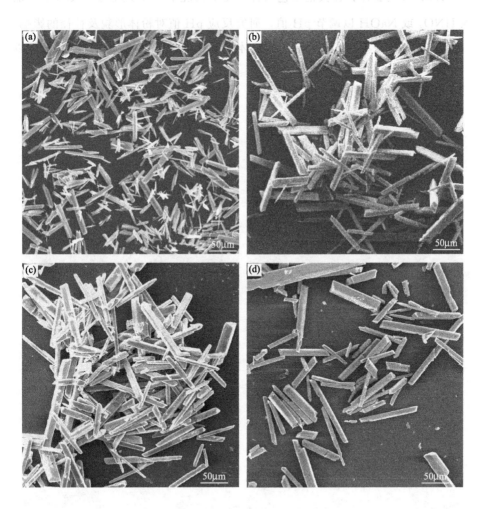

图 2.12　不同反应温度合成的 S3 前驱体形貌

(a) 0℃；(b) 20℃；(c) 50℃；(d) 80℃

反应溶液中脱溶析出的新晶体加速运动，碰撞团聚概率增加，晶体生长速度加快，使得形成的粉体尺寸较大。从产物的尺寸均匀和节约能源的角度，合成一维棒状的 SnC_2O_4 前驱体时，在室温进行最合适。

2.5.3 反应 pH 值对 SnC_2O_4 前驱体形貌的影响

针对 S3 前驱体，在其他工艺条件不变的情况下，在反应的 $H_2C_2O_4$ 中加入 HNO_3 或 NaOH 以调节 pH 值，研究反应 pH 值对粉体形貌及粒径的影响。

图 2.13 为在不同 pH 值合成的粉体前驱体的扫描电镜照片。由图中可以

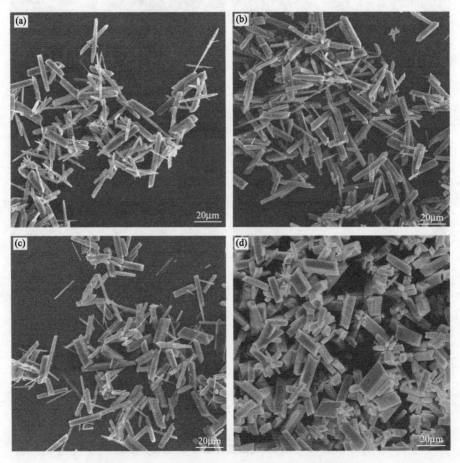

图 2.13　不同反应 pH 值下合成的 S3 前驱体形貌

(a) pH=0.5；(b) pH=1.5；(c) pH=4.0；(d) pH=7.1

看出，随着反应 pH 值的提高，SnC_2O_4 前驱体的形貌均保持为一维的棒状，但长径比逐渐降低：当 pH＝0.5 时，前驱体长度为 $20\sim30\mu m$，直径为 $0.5\sim2\mu m$，长径比约 13∶1；当 pH＝1.5 时，前驱体长度约为 $25\mu m$，直径为 $2\sim4\mu m$，长径比约为 7∶1；pH＝4.0 时，前驱体长度为 $20\sim30\mu m$，直径为 $1\sim3\mu m$，长径比约为 5∶1；pH＝7.1 时，前驱体长度约为 $20\mu m$，直径为 $5\sim6\mu m$，长径比约为 10∶3。根据前文的讨论，pH 值提高时，反应［式(2.2)］平衡向右移动，而反应［式(2.4)］平衡向左移，$Sn_3O(OH)_2SO_4$ 的形成受到促进，而 SnC_2O_4 链的一维生长也因此受到抑制，径向生长加剧，产物长径比降低。

2.6　PVP 对 SnC_2O_4 前驱体形貌影响

2.6.1　PVP 添加量对 SnC_2O_4 前驱体的形貌影响

针对 S4 前驱体，在其他工艺条件不变的情况下，改变 PVP 的加入量，研究 PVP 添加量对粉体形貌及粒径的影响。

图 2.14 为在不同 PVP 添加量（质量分数）条件下合成的粉体前驱体的扫描电镜照片。总体看，四种粉体都具有一维的形貌，但尺寸存在明显差别，随着 PVP 添加量的增加，SnC_2O_4 产物的尺寸逐渐减小：未添加 PVP 时，长度为 $10\sim30\mu m$，直径为 $3\sim5\mu m$；添加 1％的 PVP 时，长度为 $15\sim30\mu m$，直径约 $0.5\mu m$；添加 2％的 PVP 时，长度为 $10\sim20\mu m$，直径约为 $0.5\mu m$；添加 3％的 PVP 时，长度为 $10\sim15\mu m$，直径约为 $0.5\mu m$。我们认为，添加 PVP 可阻碍溶质在颗粒上的脱溶析出，从而抑制了晶体的长大，因此获得较小的颗粒。PVP 具有很强的结合金属阳离子能力，存在很强的 $C＝O \rightarrow Sn$ 作用[148]。可能是 PVP 与 SnC_2O_4 链上 Sn^{2+} 的结合，阻止了 SnC_2O_4 分子链之间的团聚，以及一维方向的延长，从而获得更细小的颗粒。

2.6.2　反应温度对针状 SnC_2O_4 前驱体生成的影响

针对 S4 前驱体，在其他工艺条件不变的情况下，选择不同的反应温度研究反应温度对粉体形貌及粒径的影响。

图 2.15 为在不同反应温度合成的粉体前驱体的扫描电镜照片。随着反应

图 2.14　不同 PVP 添加量合成的 S4 前驱体形貌

（a）0；（b）1%；（c）2%；（d）3%

温度的提高，前驱体长径比逐渐提高。反应温度在 0℃时，产物为直径 8μm 左右的粗大棒状，长径比约为 6∶1，棒相互交叉生长，形成十字交叉的形貌；反应温度在 20℃时，每个产物颗粒长径比约为 7∶1，许多直径约为 1μm 的细棒组成束状颗粒，每个束状颗粒直径约为 4μm，长度约为 20μm；反应温度在 50℃时，每个产物颗粒长径比约为 14∶1，许多直径约为 0.5μm 的细针组成束状颗粒，每个束状颗粒中，细针在中心处相交，交叉处直径约为 2μm，长度约为 30μm；反应温度在 80℃时，产物呈分散的针状形貌，直径约为

$0.5\mu m$，长度在 $15\sim30\mu m$ 之间，长径比高达 $40:1$ 左右。随着反应温度的提高，产物逐渐变细，细小的颗粒之间的交叉团聚程度也逐渐减轻。与 2.3.4.2 节中的结果比较，加入 PVP 后的 SnC_2O_4 不但没有因温度升高而粗化，反而表现出细化的趋势。由前文分析可知，每个 SnC_2O_4 颗粒由多个 SnC_2O_4 链状分子自组装而成。作为表面活性剂，PVP 有效阻止了 SnC_2O_4 链状分子之间发生聚合。随着反应温度的提高，$C = O \rightarrow Sn$ 的作用逐渐增强，SnC_2O_4 分子链间更难聚合。

图 2.15　不同反应温度合成的 S4 前驱体形貌

(a) 0℃；(b) 20℃；(c) 50℃；(d) 80℃

2.6.3 时效时间对针状 SnC_2O_4 前驱体的形貌影响

针对 S4 前驱体，在其他工艺条件不变的情况下，选择不同的时效时间，研究时效时间对粉体形貌及粒径的影响。

图 2.16 为在不同时效时间合成的前驱体粉体的扫描电镜照片。总体看，

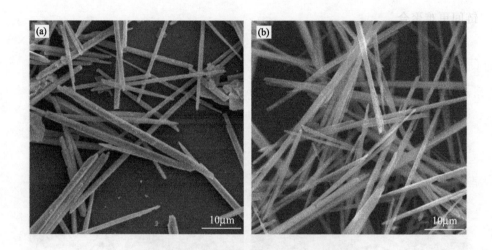

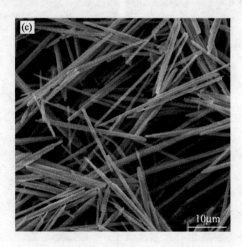

图 2.16　不同时效时间合成的 S4 前驱体形貌

(a) 15min；(b) 120min；(c) 240min

三种粉体都呈细针状，但随着时效时间的延长，颗粒逐渐变细。反应进行 15min 时，前驱体直径约为 $1.0 \sim 1.5 \mu m$，长度在 $20 \sim 30 \mu m$；反应进行 120min 时，前驱体直径约 $0.5 \mu m$，长度在 $15 \sim 30 \mu m$；反应进行 240min 时，前驱体直径约为 $0.3 \sim 0.5 \mu m$，长度在 $15 \sim 30 \mu m$。可以注意到，120min 反应时间后产物的针端部存在分叉的现象，很可能是在反应过程中，SnC$_2$O$_4$ 颗粒发生分裂，因而随着时间的延长，针状 SnC$_2$O$_4$ 逐渐变细和变短。这说明 PVP 不仅仅是作用于新生 SnC$_2$O$_4$ 链，阻止 SnC$_2$O$_4$ 链之间的横向贴合自组装，还对已经形成的 SnC$_2$O$_4$ 晶体内的 Sn^{2+} 作用，使 SnC$_2$O$_4$ 前驱体分子发生分裂，表现为 SnC$_2$O$_4$ 分裂成更细的颗粒。

2.7　SnC$_2$O$_4$ 前驱体晶体生长机理

众所周知，晶体的生长是内在因素（包括点群结构、周期键链等作用）与外在（环境）因素共同作用的结果。本书中 SnC$_2$O$_4$ 前驱体的晶体生长也是多种因素共同作用的结果，主要归因于以下四点。

2.7.1　SnC$_2$O$_4$ 分子的一维链状结构（一维形貌的形成）

SnC$_2$O$_4$ 分子结构如图 2.3 所示，C$_2$O$_4^{2-}$ 与 Sn^{2+} 交替连接。每个 C$_2$O$_4^{2-}$ 与两个 Sn^{2+} 配位，形成一个五元配位环。

由于 C$_2$O$_4^{2-}$ 中两个 CO$_2$ 基团之间存在 π 键作用，每个 Sn^{2+}-C$_2$O$_4^{2-}$-Sn^{2+} 片段形成一个平面[135]。反过来，每个 Sn^{2+} 与两个 C$_2$O$_4^{2-}$ 配位，Sn^{2+} 与 C$_2$O$_4^{2-}$ 无限交替连接形成一维链。在与两个 C$_2$O$_4^{2-}$ 配位后，Sn^{2+} 仍存在 5s^2 孤对电子，占据与 C$_2$O$_4^{2-}$ 中 O^{2-} 相当的体积（大约 11.98Å❶），对一维 SnC$_2$O$_4$ 链形成力的作用，导致 Sn^{2+} 为转折点的弯折[135]。每个 Sn^{2+} 连接的两个 C$_2$O$_4^{2-}$ 平面分别平行于 （111） 和 （1$\bar{1}$1）。根据周期键链理论，受 Sn^{2+}-C$_2$O$_4^{2-}$ 周期键链的影响，SnC$_2$O$_4$ 晶体倾向于沿分子链延长方向（即晶体中的

---

❶　1Å=0.1nm。

<101>方向）以（111）和（1$\bar{1}$1）两个面交替桥连一维生长。

2.7.2　SnC_2O_4 分子链间的 Sn—O 键作用（四边形截面的形成）

SnC_2O_4 晶体为单斜结构（$a=10.3708$，$b=5.5035$，$c=8.7829$，$\alpha=\gamma=90°$，$\beta=129.9170°$）。SnC_2O_4 晶体中，相邻 SnC_2O_4 分子链之间存在较弱的 Sn—O 键作用（键长为 2.87Å），Sn—O 键的存在既完成了 Sn 的配位要求，也将相邻的分子链连接起来，如图 2.17 所示。通过 Sn—O 键作用，每条 SnC_2O_4 分子链连接相邻的四条链，从（101）截面看，形成四边形。对于未加表面活性剂的 SnC_2O_4 前驱体，在反应的后期，纵截面都表现出四边形，很有可能与此有关。

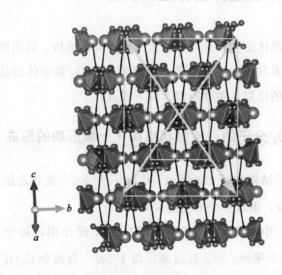

图 2.17　SnC_2O_4 晶体结构（101）面投影，黑色实线标示 SnC_2O_4 链间 Sn—O 键

2.7.3　Sn^{2+} 的配位平衡

在 SnC_2O_4-H_2O 体系中，存在如式（2.1）~式（2.4）的 Sn（Ⅱ）的动态配位平衡，SnC_2O_4 的析出和溶解在持续进行，并伴随 $Sn_3O(OH)_2SO_4$ 配位物的消失与形成。通过控制这种平衡的移动，可以控制 SnC_2O_4 的形貌。当

SnC_2O_4 的析出占主导时，前驱体容易形成一维的形貌，而 $Sn_3O(OH)_2SO_4$ 配位物在其端面的吸附将抑制其一维生长。

首先，通过混合方式的选择，可以改变反应进程中的平衡移动。采用正滴反应时，反应初期的底液中 Sn^{2+} 浓度高而 $H_2C_2O_4$ 浓度低，平衡偏向 SnC_2O_4 溶解，$Sn_3O(OH)_2SO_4$ 配位物形成的方向。随着 $H_2C_2O_4$ 的逐滴加入，平衡逐渐向 SnC_2O_4 析出，$Sn_3O(OH)_2SO_4$ 配位物溶解的方向移动。随着 $H_2C_2O_4$ 的加入，SnC_2O_4 依附于 $Sn_3O(OH)_2SO_4$ 配位物，并掠夺其中的 Sn^{2+} 生长，而片状的 $Sn_3O(OH)_2SO_4$ 配位物也倾向于在 SnC_2O_4 的高能面（端面）上吸附，降低该面界面能，抑制其一维生长，形成长径比很小的颗粒状粉体。与之相对，采用反滴反应时，反应前期底液中存在高浓度的 $H_2C_2O_4$，使滴入溶液中的 $Sn_3O(OH)_2SO_4$ 发生溶解，SnC_2O_4 的析出占据绝对主导。随着 $SnSO_4$ 溶液的逐滴加入，一维形貌的前驱体很快形成并长大。在反应后期，随着 $C_2O_4^{2-}$ 的消耗，平衡向 SnC_2O_4 溶解方向移动，周围溶质浓度较高的尖端发生溶解，向内腐蚀形成空心的管状。

其次，通过 Sn^{2+} 与 $C_2O_4^{2-}$ 摩尔比的调整，可以改变反应中的平衡移动的进程。在反滴实验中，如果 Sn^{2+} 与 $C_2O_4^{2-}$ 摩尔比提高，将加快平衡向 SnC_2O_4 溶解方向的移动，因此，高 Sn^{2+} 与 $C_2O_4^{2-}$ 摩尔比条件下制备的前驱体在反应后期发生尖端溶解，形成空心的管状。

最后，在适当的范围内调节 pH 值，可以调式（2.2）和式（2.4）的平衡状况。适当提高 pH 值，将促进 Sn^{2+} 与 OH^- 的配位，从而抑制 SnC_2O_4 的一维生长；反之，适当降低 pH 值，将促进 Sn^{2+} 与 $C_2O_4^{2-}$ 的配位，从而促进 SnC_2O_4 的一维生长，提高前驱体的长径比，如 2.3.4.3 节所示。当然，pH 值过低时溶液中大部分 Sn^{2+} 会以自由离子形式存在，pH 值过高时会形成 $Sn(OH)_2$ 沉淀，这些都不在讨论之列。

2.7.4　PVP 的作用

对于加入 PVP 的 S4 前驱体，由于高分子 PVP 与 SnC_2O_4 中 Sn^{2+} 上孤对电子的配对，通过空间位阻和静电作用阻止 SnC_2O_4 链条相互靠近，结果导致较细的针状形貌。通过提高反应温度，可以有效促进 PVP 与 Sn^{2+} 的配位，促

进细针状或纤维状 SnC_2O_4 的形成。PVP 不仅仅与 SnC_2O_4 外侧露出的 Sn^{2+} 反应，还从尖端处侵入，结合内部的 Sn^{2+} 反应，将已成形的粗棒状 SnC_2O_4 分裂成束状，进一步成为独立的针状。

2.8　SnC_2O_4 的热分解行为

采用 DSC-TG 对 SnC_2O_4 前驱体的热分解行为进行分析，如图 2.18 所示。四种前驱体的热分析结果基本相同，在此仅展示 S1 的热分析曲线。从热重曲线上看，在 329℃ 附近的狭小区间内，SnC_2O_4 出现唯一的一个约 27.0% 的失重，对应一个尖锐的放热峰，失重量与式（2.5）相匹配（理论失重 27.1%）：

$$SnC_2O_4 + Q \longrightarrow SnO_2 + 2CO \uparrow \tag{2.5}$$

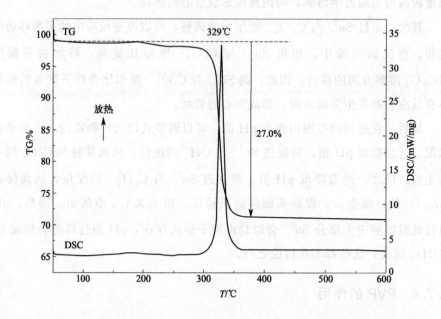

图 2.18　SnC_2O_4 前驱体 S1 的差热-失重曲线

测试中升温速率为 10℃/min，测试气氛为氧气

四种典型形貌的 SnC_2O_4 在 600℃煅烧 2h 后，热分解为四方相的 SnO_2（夹杂有极少量的正交相 SnO_2，其原因暂时未有定论，普遍认为是二价 Sn 氧化时存在畸变导致[149,150]），如图 2.19 所示。热分解形成的 SnO_2，几乎保持了对应前驱体的形貌，如图 2.20 所示。通过控制 SnC_2O_4 形貌可以在煅烧后获得相应形貌的 SnO_2 粉体。

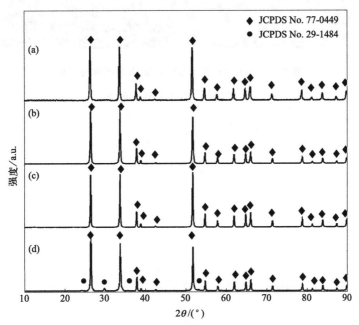

图 2.19　SnC_2O_4 前驱体在 600℃煅烧 2h 后产物的 XRD 图谱

(a) S1；(b) S2；(c) S3；(d) S4

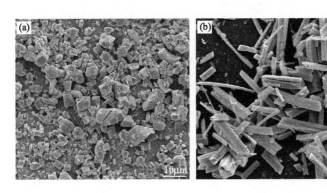

图 2.20

图 2.20 SnC$_2$O$_4$ 在 600℃煅烧 2h 后产物的形貌

(a) S1；(b) S2；(c) S3；(d) S4

第3章

颗粒强化 Ag-SnO₂ 电触头
材料显微组织设计及性能

目前，商业化应用的 Ag-SnO$_2$ 电触头材料中的 SnO$_2$ 增强相主要是颗粒状[86,89,151-153]，所以对颗粒强化 Ag-SnO$_2$ 电触头材料进行微组织设计及性能研究具有重要的现实意义。对于颗粒强化复合材料，增强相颗粒的尺寸和体积分数是两种最为关键的性能影响因素。一般认为粗大的 SnO$_2$ 颗粒不利于复合材料的加工成型，尤其是不易拉制成丝，铆钉易开裂，使用中接触电阻较大、温升高，限制了其使用范围，所以基本对 SnO$_2$ 颗粒追求越细越好。因而很多工作研究并制备了纳米 SnO$_2$ 增强的 Ag 基电触头材料[96,154,155]。但颗粒太细会造成复合材料中位错运动阻力增大，缺陷增多，导致材料电性能和塑性下降。对于 SnO$_2$ 的最佳颗粒尺寸，至今还没有理论的预测和实验的结果。堵永国等[88] 研究了 $5\sim20\mu m$ 尺寸范围内的 SnO$_2$ 对 Ag-SnO$_2$ 电导率的影响，认为提高 SnO$_2$ 颗粒尺寸有利于提高电触头的电导率，但对于更细尺寸 SnO$_2$ 的作用却未有报道。另外，SnO$_2$ 的体积分数也对 Ag-SnO$_2$ 性能有重要影响，但关于体积分数与 Ag-SnO$_2$ 电触头材料的性能（尤其是力学强度）的关系以及相关作用机制却鲜见报道[60-62]。因而，本章在小于 $5\mu m$ 的范围研究 SnO$_2$ 颗粒尺寸与电触头材料的性能关系，并分析 SnO$_2$ 体积分数对电触头材料性能（特别是力学性能）的影响，研究 Ag-SnO$_2$ 的颗粒强化机制，为颗粒强化 Ag-SnO$_2$ 的微结构设计提供理论和实验依据。

对于颗粒强化 Ag-SnO$_2$ 电触头材料，SnO$_2$ 在基体中的分散极重要。Wolmer 等[97] 提出了一种非均匀沉淀方法制备 Ag-SnO$_2$ 电触头材料，在 SnO$_2$ 上非均匀沉淀 Ag。该方法不但改善了 SnO$_2$ 粉体在 Ag 基体中的分散性，也提高了 SnO$_2$ 和 Ag 之间的结合性，提高了 Ag-SnO$_2$ 电触头材料的性能[156]。此外，该方法还可在较大范围内调控 SnO$_2$ 尺寸、形貌、体积分数和添加成分等参数，适合用以进行 Ag-SnO$_2$ 电触头材料的微组织调控。

本章采用非均匀沉淀法制备多种尺寸和体积分数 SnO$_2$ 弥散强化的 Ag-SnO$_2$ 电触头材料，对其电学和力学性能进行了分析，并结合理论计算对颗粒强化 Ag-SnO$_2$ 电触头的强化机制进行研究，为 Ag-SnO$_2$ 电触头性能调控提供理论和实验依据。

3.1　合成方法

3.1.1　原料

所用试剂及其生产厂家情况如表 3.1。

表 3.1　原料列表

名称	级别	生产厂家
五水合四氯化锡（SnCl$_4$·5H$_2$O）	分析纯	国药集团化学试剂有限公司
二水合氯化亚锡（SnCl$_2$·2H$_2$O）	分析纯	国药集团化学试剂有限公司
尿素[CO(NH$_2$)$_2$]	分析纯	国药集团化学试剂有限公司
硝酸银（AgNO$_3$）	分析纯	贵研铂业股份有限公司
柠檬酸（C$_6$H$_8$O$_7$）	分析纯	国药集团化学试剂有限公司
无水乙醇（C$_2$H$_5$OH）	分析纯	国药集团化学试剂有限公司
抗坏血酸（C$_6$H$_8$O$_6$）	分析纯	国药集团化学试剂有限公司
浓硫酸（H$_2$SO$_4$）	分析纯	国药集团化学试剂有限公司
氧化铬（CrO$_3$）	分析纯	国药集团化学试剂有限公司
氧化锡（SnO$_2$）A3	分析纯	洛阳方德新材料技术有限公司
氧化锡（SnO$_2$）A4	分析纯	洛阳方德新材料技术有限公司

3.1.2　工艺过程

3.1.2.1　SnO₂ 粉体合成

SnO_2 粉体 A1 的前驱体是通过加热水解 $SnCl_4$ 获得，其中 $SnCl_4$ 浓度为 0.03mol/L，反应温度为 60℃。反应中持续搅拌，在时效 30min 后，离心分离并洗涤沉淀产物，在烘箱中 60℃烘干 24h 得到前驱体粉体。

SnO_2 粉体 A2 的前驱体是通过均相沉淀法制备，其中母盐为 $SnCl_2$ 溶液（0.05mol/L），沉淀剂为尿素，尿素与 $SnCl_2$ 的摩尔比为 10∶1，反应温度为 95℃。反应中持续搅拌，在时效 30min 后，离心分离并洗涤沉淀产物。在烘箱中 60℃烘干 24h 得到前驱体粉体。

两种前驱体在马弗炉中 600℃煅烧 2h 后分别形成 A1 和 A2 两种 SnO_2 粉体。

3.1.2.2　Ag-SnO₂ 复合粉体合成

配制 100mL 柠檬酸溶液（2mol/L），加入选用形貌、尺寸和体积分数 [如无特殊说明，均为 18.3%（体积分数）] 的 SnO_2 粉体，并超声搅拌形成悬浮液。分别配制 $AgNO_3$ 溶液（1mol/L）和抗坏血酸溶液（0.6mol/L）各 100mL，并将之逐滴对称滴加到 SnO_2 悬浮液中。在此过程中，SnO_2 悬浮液持续均匀搅拌，并水浴加热保持在 40℃，陈化 1h，自然沉降分离并洗涤沉淀产物，在烘箱中 80℃烘干 12h，在马弗炉中 600℃煅烧 2h，得到 Ag-SnO₂ 复合粉体，所得粉体装入石墨模具，进行热压烧结，热压温度为 700℃，保温时间 2h，压力为 60MPa。

3.1.3　分析

3.1.3.1　Zeta 电位测定

Zeta 电位又称电动电位或电动电势，指剪切面的电位，是表征胶体分散体系稳定性的重要指标。SnO_2 悬浮体系的 Zeta 电位由美国康塔仪器公司生产的 DT1202 多功能超声/电声谱分析仪测试。以超纯水为溶剂，以 1mol/L 的 HNO_3 和 1mol/L 的 NaOH 为 pH 值调节剂。

3.1.3.2 激光粒度分析

SnO$_2$ 悬粉体的粒度采用激光散射法测定。取少量 SnO$_2$ 悬粉体，用超纯水分散，并超声 15min，注入日本 HORIBA 公司生产的 LA-920 型激光散射粒度分析仪，测试其平均粒径和粒径分布。

3.1.3.3 晶粒尺寸分析

对样品进行腐蚀后，采用日本 Hitachi 公司的 S4800 型冷场发射扫描电子显微镜对 Ag-SnO$_2$ 电触头材料进行形貌观察，分析 Ag 晶粒尺寸。腐蚀液的配方是 100mL 浓度为 1.8mol/L 的 H$_2$SO$_4$ 加 2g 的 CrO$_3$ 粉末。

3.1.3.4 样品致密度表征

样品致密度测定采用排水法。其基本原理是阿基米德定律——对于浸泡在液体中的固体，所受浮力值的大小，等于该固体所排开的相同体积液体的质量值。

先测量出样品在空气中的质量，再测量出样品在水中的质量，按以下公式进行计算得出电触头材料的实际密度：

$$D = \frac{m_1}{m_2 - m_3} D_1 \tag{3.1}$$

式中　　D——样品的密度，g/cm^3；

D_1——水的密度（见表 3.2），g/cm^3；

m_1——干重，干燥样品在空气中的质量，g；

m_2——湿重，除去表面水分后样品的质量，g；

m_3——浮重，样品用金属网悬浮在水中，测得的质量，g。

样品的密度由赛多利斯科学仪器（北京）有限公司制造的电子天平BS224S 和密度计测量。

3.1.3.5 硬度表征

硬度可以在一定程度上反映电触头材料的机械加工性能与工作寿命，以往经验表明，高硬度的产品往往具有较长的工作寿命[158]，但其加工过程中对加工强度有更高的要求。样品的硬度由沃伯特测量仪器（上海）有限公司的401MVD 型数显显微硬度计测量。负载 200g，加载 8s，每个样品取三排测试，每排沿直线连续取 10 个点，每点间隔 1mm，取平均值。

表 3.2 不同温度下水的密度[157]

温度 /℃	密度 /(g/cm³)	温度 /℃	密度 /(g/cm³)	温度 /℃	密度 /(g/cm³)	温度 /℃	密度 /(g/cm³)
10.0	0.99970	15.0	0.99910	20.0	0.99820	25.0	0.99704
10.5	0.99965	15.5	0.99902	20.5	0.99810	25.5	0.99691
11.0	0.99960	16.0	0.99894	21.0	0.99799	26.0	0.99678
11.5	0.99955	16.5	0.99886	21.5	0.99788	26.5	0.99665
12.0	0.99949	17.0	0.99877	22.0	0.99777	27.0	0.99651
12.5	0.99943	17.5	0.99868	22.5	0.99765	27.5	0.99637
13.0	0.99937	18.0	0.99859	23.0	0.99754	28.0	0.99623
13.5	0.99931	18.5	0.99850	23.5	0.99742	28.5	0.99609
14.0	0.99924	19.0	0.99840	24.0	0.99729	29.5	0.99594
14.5	0.99917	19.5	0.99830	24.5	0.99717	30.0	0.99580

3.1.3.6 电导率测试

块状 Ag-SnO₂ 电触头材料的电导率由厦门天研仪器的涡流电导率仪 FQR-7051A 检测。电导率以 IACS (international annealed copper standard) 表征,定义标准退火纯铜的电导率为 100%IACS。

3.1.3.7 拉伸测试

图 3.1 为实验加工的"工字件"规格,采用日本岛津的 AG-X plus 型电子万能试验机进行拉伸测试,拉伸速度为 $0.001s^{-1}$。

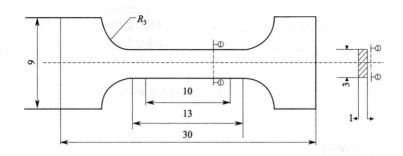

图 3.1 "工字件"加工示意图(单位:mm)

3.1.3.8　其他分析手段

本章其他分析手段同 2.1.3。

3.2　有限元模拟

本章利用 ANSYS 有限元结构分析软件进行有限元模拟[159]。采用三维模型来模拟 SnO_2 颗粒增强 Ag 基复合材料的拉伸力学行为。具体应用有限元软件求解模型的流程[160] 如图 3.2 所示。采用自顶向下进行实体建模，先建立基体立方体和增强相球体基元，由程序自动定义相关的面、线和节点，构造实体几何模型，定义材料属性，划分网格，对模型施加载荷和约束后，进行计算求解，最后通过后处理，拾取结果，并将其图形化。

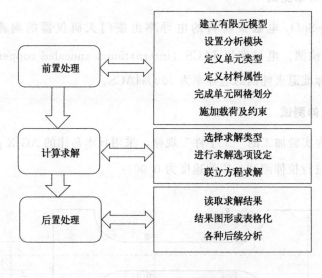

图 3.2　有限元方法建模求解流程图

3.2.1　模型的建立

本章采用三维模型进行力学性能的数值模拟。在复合材料中，增强颗粒的形状和分布方式多种多样，采用轴对称单胞模型和平面应变模型不能很好地表达增强颗粒的细观特征。虽然这两种模型在建模和计算速度上占优，但是随着计算机的飞速发展和有限元软件的不断升级，已经能够克服复杂的三维模型在计算和建模上的劣势，并把三维模型反映复合材料真实分布的优点进一步放大。相比另外两种模型，三维模型更加接近实际，可获得更加准确的结果。三维模型如图 3.3 所示，实验发现三种计算得出的结果之间差别很小。出于计算速度上的考虑，本书的计算都采用单球模型。

为了保证复合材料的连续性，胞体中平行于拉伸方向的四个平面均以限制两个轴向方向的位移为耦合边界条件，以保证其边界的平直和连续性，在垂直于拉伸方向的上下两个面施加位移载荷。采用网格尺寸 1 进行分割。

使用有限元法计算金属基复合材料的力学性能，原始的基体曲线是非常重要的，而本书中所用的纯 Ag 曲线是通过实测获得。纯 Ag 样品委托 XD 银饰采用千足银熔铸，并加工成图 3.1 所示的拉伸试样，在拉伸机上进行拉伸测试，得到纯 Ag 应力-应变曲线以及纯 Ag 的弹性模量和屈服强度。测得纯 Ag 试样的致密度为 99.2%，弹性模量为 82.6GPa，屈服强度为 51.2MPa，抗拉强度为 153.8MPa。其中，Ag 的弹性模量与曹亮等[161] 提到的纯 Ag 弹性模量相同，验证了曲线的准确性，所以本书采用该曲线进行模拟。本章采用的强化粒子 SnO₂ 和基体 Ag 的性能参数如表 3.3。由于 SnO₂ 相对基体纯 Ag 来说是屈服强度极高的陶瓷颗粒，在模拟过程中，将 SnO₂ 陶瓷颗粒假设为纯弹性体。

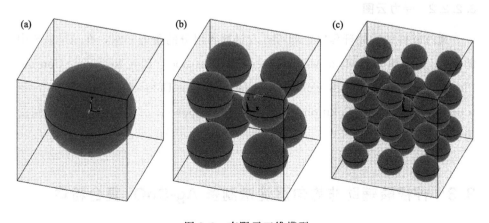

图 3.3　有限元三维模型

（a）单球；（b）8 球；（c）27 球

高性能银基电接触材料

表 3.3 模拟计算使用的物理参数[161]

材料	弹性模量/GPa	密度/(g/cm³)	泊松比
Ag	82.6	10.49	0.38
SnO₂	328	6.38	0.4

3.2.2 数据分析方法

3.2.2.1 应力-应变曲线

应变通过式(3.2)得出：

$$\varepsilon = U/L \qquad (3.2)$$

式中，U 为模型被施加载荷的边界上点沿拉伸方向的位移；L 为模型拉伸方向的长度。

拉伸方向的应力值可通过式(3.3)得出：

$$\bar{\sigma} = \sum_i^N \sigma_{yi} V_i / V \qquad (3.3)$$

式中，σ_{yi}，V_i 分别是有限元中第 i 个单元沿拉伸方向的应力和该单元的体积；V 是整个模型的体积；N 是整个模型中总的单元数。通过选取对应的所有单元，并计算平均应力，即可求得材料对应的应力和应变值。由此，在给定的位移载荷下，材料拉伸过程中所产生的应变和平均应力值都可得到，从而得到材料各组分的拉伸曲线。

3.2.2.2 受力云图

通过软件的后处理程序，即可查看材料各组分的受力云图，在 ANSYS 中的 GUI 方法如下：Main Menu＞General Postproc＞Plot Results＞Contour Plot＞Nodal Solu，弹出 Contour Nodal Solution Data，在 Item to be contoured 中选择 Nodal Solution＞Stress＞Y-Component of stress，即可得到受力云图。

3.3 柠檬酸辅助非均匀沉淀法制备 Ag-SnO₂ 复合粉体

采用柠檬酸辅助非均匀沉淀法制备 Ag-SnO₂ 复合粉体。从结构上讲，柠檬酸是一种三羧酸类化合物，是一种较强的有机酸，有 3 个 H$^+$ 可以电离。Ag 在 SnO$_2$ 表面的非均匀沉淀过程如图 3.4 所示。酸性条件下，SnO$_2$ 表面带正电荷，加入柠檬酸后，形成双电荷层，颗粒表面带负电荷，吸引 Ag$^+$。加入还原剂后，Ag 优先在 SnO$_2$ 表面还原、沉淀析出，包裹 SnO$_2$。

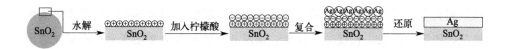

图 3.4　非均匀沉淀制备 Ag-SnO$_2$ 复合粉体机理示意图

柠檬酸在反应过程中的作用可以分为两个方面：一方面，前期研究[15] 表明，作为典型的络合剂，柠檬酸可与 Ag$^+$ 形成络合物，降低"裸 Ag"浓度，提高 Ag 的还原势垒，有利于 Ag 在 SnO$_2$ 表面的异质形核，而不是在溶液中均匀形核；另一方面，柠檬酸的加入有利于 SnO$_2$ 悬浮体系的稳定，避免 SnO$_2$ 的团聚。

图 3.5 是 SnO$_2$ 的 Zeta 电位随 pH 值变化的曲线。柠檬酸加入后，SnO$_2$ 表面负电荷显著增多，在测试范围内没有出现等电点。作为分子量较低的羟基羧酸盐，柠檬酸中的部分烃基能替代颗粒表面丰富的羟基，与金属离子结合形成单分子层吸附，使颗粒表面带上负电荷而互相排斥，起到分散作用，对 SnO$_2$ 的团聚有较强的抑制作用。

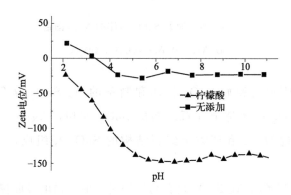

图 3.5　SnO$_2$ 的 Zeta 电位随 pH 值变化曲线

3.4 SnO₂ 尺寸对 Ag-SnO₂ 电触头材料显微组织及性能影响

图 3.6 是四种 SnO₂ 的 XRD 图谱，四种粉体均为金红石结构的 SnO₂，未检测到其他杂质。图 3.7 展示了四种 SnO₂ 的形貌，四种 SnO₂ 呈近球形或颗粒状，团聚度较低，粒度分布较窄，如图 3.8 的粒度分布图所示。根据谢乐公式推导出 A1 粉体的晶粒尺寸约为 15nm，与 SEM 结果基本吻合。如表 3.4 所示，四种 SnO₂ 粉体的颗粒尺寸分别为 15nm 和 0.6μm，1.8μm，4.7μm，范围横跨纳米级、亚微米级和微米级。

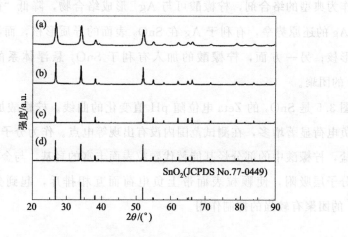

图 3.6   四种原始 SnO₂ 粉体的 XRD 图谱

(a) A1；(b) A2；(c) A3；(d) A4

如图 3.9 所示为原始 SnO₂ 粉体和制备的 Ag-SnO₂ 复合粉体的 XRD 图谱。原始 SnO₂ 粉体是金红石结构的 SnO₂ 纯相，Ag-SnO₂ 复合材料都由面心立方结构的 Ag 和四方金红石结构的 SnO₂ 相组成，没有发现其他杂相。

图 3.10 为制备的 Ag-SnO₂ 复合粉体的场发射扫描电镜形貌照片。在非均匀沉淀的合成过程中，柠檬酸吸附在 SnO₂ 颗粒表面，阻止了 SnO₂ 因静电力

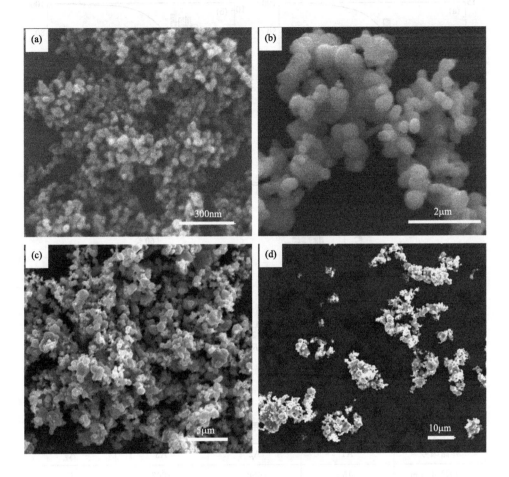

图 3.7　四种原始 SnO₂ 粉体的形貌

(a) A1；(b) A2；(c) A3；(d) A4

导致的团聚，保证了体系中 SnO₂ 的稳定悬浮，加之 Ag⁺ 和柠檬酸离子的络合，提高了 Ag⁺ 的还原势能，有利于 Ag 在 SnO₂ 表面的非均匀还原沉淀，所以复合粉体表现出较窄的粒度分布。随着 SnO₂ 核颗粒尺寸的增大，复合粉体的颗粒尺寸增加。随着 SnO₂ 颗粒尺寸的减小，比表面增大，Ag 形核所需的活性部位也增加。SnO₂ 为 Ag 的沉淀析出提供"晶核"。当 SnO₂ 尺寸减小时，SnO₂ "晶核"较多，因而形成数量较大、尺寸较小的 SnO₂ 复合粉体颗粒。

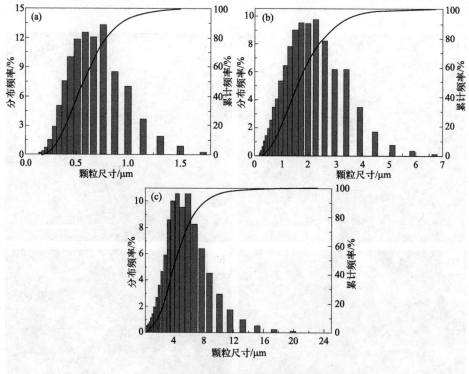

图 3.8　三种 SnO_2 粉体的粒度分析图

(a) A2；(b) A3；(c) A4

表 3.4　本节选用 SnO_2 粉体尺寸

样品编号	A1	A2	A3	A4
平均尺寸/nm	15	608	1807	4685

图 3.11 为四种 SnO_2 为增强相制备的 Ag-SnO_2 电触头材料的元素面扫照片。增强相 SnO_2 都均匀弥散在 Ag 基体中，Sn 元素富集区尺寸与原始 SnO_2 核颗粒尺寸基本符合，没有发现明显团聚。这说明本实验采用的柠檬酸辅助非均匀沉淀法可有效抑制 SnO_2 团聚，在以此粉体为原料烧结制备的 Ag-SnO_2 电触头材料中，SnO_2 均匀弥散在 Ag 基体中。

图 3.12 为四种尺寸 SnO_2 颗粒强化的 Ag-SnO_2 电触头材料的硬度和电导率曲线。随着 SnO_2 颗粒尺寸的增大，Ag-SnO_2 电触头材料的硬度降低，电导率提高。根据 Orowan 机制，两相界面不匹配的 Ag-SnO_2 电触头材料中，SnO_2 加入阻碍位错绕过，造成的强度增量 $\Delta\sigma_{OR}$ 可以表示为[86]：

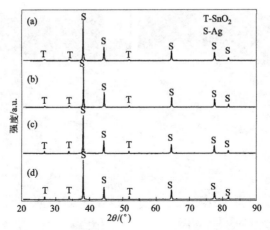

图 3.9　不同 SnO$_2$ 颗粒制备的 Ag-SnO$_2$ 复合粉体的 XRD 图谱

(a) A1；(b) A2；(c) A3；(d) A4

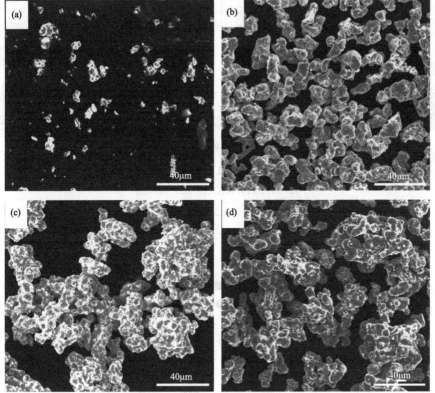

图 3.10　不同 SnO$_2$ 颗粒制备的 Ag-SnO$_2$ 复合粉体的形貌

(a) A1；(b) A2；(c) A3；(d) A4

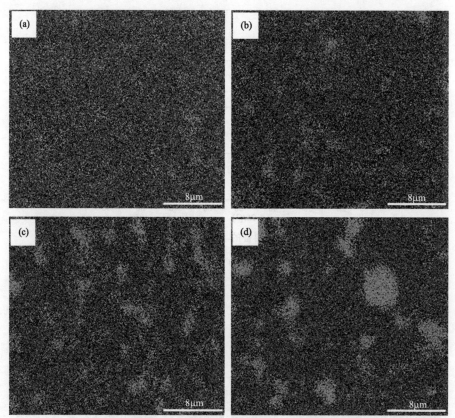

图 3.11　不同 SnO_2 颗粒制备的 Ag-SnO_2 电触头材料的元素面扫照片

（红色区域为富 Ag 区，绿色区域为富 Sn 区，详见封三）

（a）A1；（b）A2；（c）A3；（d）A4

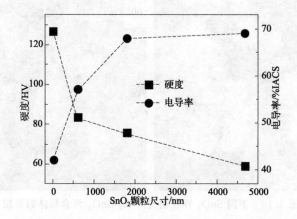

图 3.12　SnO_2 颗粒尺寸对 Ag-SnO_2 电触头材料硬度和电导率的影响

$$\Delta\sigma_{OR} \propto Gb/L \tag{3.4}$$

式中，G 是剪切模量；b 是柏氏矢量；L 是 SnO₂ 颗粒间的 Ag "自由空间"尺寸。随着 Ag 基体中 SnO₂ 颗粒尺寸的减小，L 值降低，屈服强度增大。Ag-SnO₂ 电触头材料硬度的提高，有利于提高电触头应用过程中的耐磨性，但过高的硬度也不利于机械加工。

众所周知，Ag-SnO₂ 电触头材料的电导率由自由电子的移动控制，后者可因复合材料中的缺陷散射而削弱。在实际金属晶体中，存在多种类型的缺陷，导电电子与缺陷发生干涉将产生散射电阻率。根据 Matthiesen 定律[162]，实际金属晶体的电导率可表示为：

$$\rho = \rho_0 + \rho_{pho} + \rho_{dis} + \rho_{int} + \rho_{imp} \tag{3.5}$$

式中　ρ——实际金属晶体电阻率；

　　　ρ_0——纯金属电阻率；

　　　ρ_{pho}——声子散射电阻率；

　　　ρ_{dis}——位错散射电阻率；

　　　ρ_{int}——界面散射电阻率；

　　　ρ_{imp}——杂质散射电阻率。

其中，ρ_{pho} 与温度有关，由于本实验中导电的测试均在室温下进行，因而 ρ_{pho} 的影响可以不考虑。在不考虑杂质的情况下，可认为 SnO₂ 尺寸对 Ag-SnO₂ 电触头材料电导率的影响主要来自位错浓度和界面散射。一方面，由于 Ag 和 SnO₂ 存在较大的热胀系数差，在样品的退火降温过程中，Ag 基体和 SnO₂ 增强相收缩程度不同，在界面上存在应变失配，引起位错浓度增高，这种位错浓度可以表示为[163]：

$$\rho_G^{CTE} = \frac{12 f_P \Delta C \Delta T}{b d_P} \tag{3.6}$$

式中　f_P——增强相的体积分数；

　　　ΔC——基体和增强相的热膨胀系数差；

　　　ΔT——复合材料从 T_0 温度退火到 T_q 温度的温度差；

　　　d_P——增强相颗粒尺寸；

　　　b——柏氏矢量。

随 SnO₂ 颗粒尺寸的增大，这种位错的浓度将降低。另一方面，随着

SnO_2 颗粒尺寸的增大，比表面积降低，增强相与基体之间的界面面积也减小。所以，随着 SnO_2 颗粒尺寸的增加，位错和界面散射产生的电阻都将减小，从而使电导率升高。实验结果表明，在 SnO_2 尺寸小于 $2\mu m$ 的范围内，随 SnO_2 尺寸减小，材料电导率下降显著；而当 SnO_2 尺寸大于 $2\mu m$ 时，SnO_2 颗粒尺寸对电触头电导率的影响极其微小。

综上所述，对颗粒强化 $Ag\text{-}SnO_2$ 电触头材料并不存在一个最优颗粒尺寸，但在实际应用中可通过调控颗粒尺寸来满足不同的性能要求。选用 $1\sim2\mu m$ 尺寸范围的 SnO_2 可在电导率下降不明显的情况下适当增加电触头的硬度，同时也满足国标 GB/T 20235 电导率 $\geqslant57.5\%$IACS，硬度 $\geqslant80$HV 的要求。

3.5 SnO_2 体积分数对 $Ag\text{-}SnO_2$ 电触头材料显微组织及性能影响

为消除尺寸效应对 $Ag\text{-}SnO_2$ 电触头材料性能的影响，选取尺寸约 $15\mu m$ 的颗粒状 SnO_2 为核心（具体制备方法参见第 2 章），采用非均匀沉淀法在其上沉积 Ag，再热压烧结得到 $Ag\text{-}SnO_2$ 电触头材料。其中，SnO_2 体积分数分别为 9.5%，18.3%，26.5%。

电触头的 XRD 图谱如图 3.13 所示。三种 $Ag\text{-}SnO_2$ 电触头材料均由立方相 Ag 和四方相 SnO_2 组成，未见其他杂相，随 SnO_2 体积分数增加，SnO_2 对应特征峰强度与 Ag 对应特征峰强度比例提高。不同增强相体积分数的 $Ag\text{-}SnO_2$ 电触头材料的显微组织如图 3.14 所示。SnO_2 均匀分布于 Ag 基体中，随 SnO_2 体积分数增加，增强相之间平均距离减小，但未见明显的 SnO_2 团聚，说明化学包覆法可以有效地分散体积分数为 $9.5\%\sim26.5\%$ 的 SnO_2，基本足以满足产业需求。

四种不同体积分数 SnO_2 颗粒强化的 $Ag\text{-}SnO_2$ 电触头材料的硬度和电导率曲线分别如图 3.15 和图 3.16 所示。随着 SnO_2 体积分数的增加，$Ag\text{-}SnO_2$ 电触头材料的硬度提高，但电导率下降。对于大尺寸 SnO_2 颗粒强化的 $Ag\text{-}SnO_2$ 电触头材料的力学性能随增强相体积分数增加而提高的现象，可能是由于 SnO_2 对 Ag 晶界钉扎增强造成晶粒细化所导致的细晶强化，具体分析详见

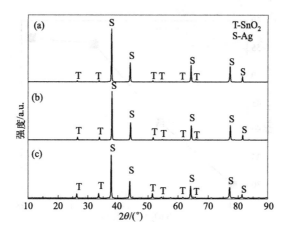

图 3.13　不同体积分数 SnO₂ 增强 Ag-SnO₂ 电触头材料的 XRD 图谱

(a) 9.5%；(b) 18.3%；(c) 26.5%

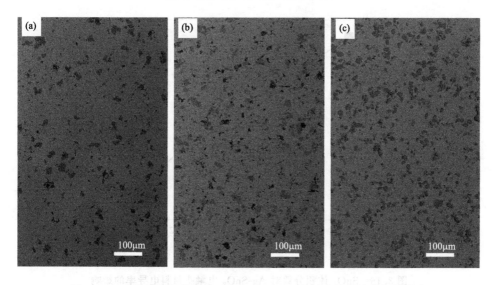

图 3.14　不同体积分数 SnO₂ 增强 Ag-SnO₂ 电触头材料的背散射照片

(a) 9.5%；(b) 18.3%；(c) 26.5%

本章 3.4.4。结果表明，当体积分数大于 18.3% 时，增加 SnO₂ 体积分数对 Ag-SnO₂ 的硬度提高较小。根据式 (3.6)，Ag-SnO₂ 电触头材料中因热胀系数差而产生的位错浓度与 SnO₂ 体积分数成正比。而 Ag-SnO₂ 电触头材料中的两相界面面积也与 SnO₂ 体积分数成正比。所以随着 SnO₂ 体积分数的增加，Ag-SnO₂ 电触头材料的电导率直线下降。

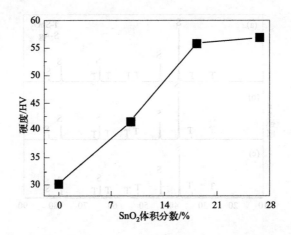

图 3.15 SnO_2 体积分数对 Ag-SnO_2 电触头材料硬度的影响

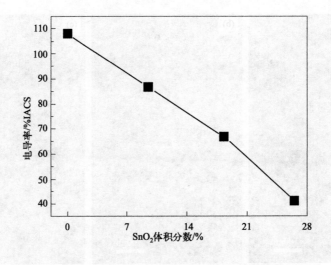

图 3.16 SnO_2 体积分数对 Ag-SnO_2 电触头材料电导率的影响

3.6 SnO_2 对 Ag-SnO_2 力学性能的影响规律

Ag-SnO_2 电触头材料以其优异的抗电弧性能和稳定的低电阻率被广泛应用。至今，人们对它的研究主要集中在制备工艺和电学性能上，关于力学性能的研究相对较少。由于电触头材料的力学强度直接关系到其加工性能和接触过程中的抗磨损性能[158,164]，对 Ag-SnO₂ 电触头材料的力学性能研究是很有必要的。

Ag-SnO₂ 电触头材料是一种多相材料，因此具有十分明显的结构特征。金属基复合材料的力学特性和失效机制与增强相颗粒的性能、体积分数、形貌和分布方式以及增强相颗粒与基体之间的界面关系等细观特性都存在极其紧密的关系。为了获得具备理想力学性能的金属基复合材料，就必须首先研究其中的微观结构对金属基复合材料宏观性能的影响。

众所周知，颗粒强化金属基复合材料中存在两种强化机制[165,166]：直接强化和间接强化。直接强化由载荷从基体向增强颗粒传递引起；而间接强化是由增强颗粒的加入引起基体微观组织变化而产生，如细晶强化、位错增殖强化、Orowan 强化、固溶强化等机制。复合材料的最终屈服强度是直接强化与间接强化混合作用的结果。本节从直接强化、间接强化和混合强化三个方面展开讨论，以有限元方法为辅助，研究 Ag-SnO₂ 复合材料的强化机制，并建立一套有效的强度预测模型，希望对以后的研究有指导作用。

3.6.1　SnO₂ 体积分数对力学性能影响

表 3.5 为不同体积分数 SnO₂ 强化的 Ag-SnO₂ 电触头材料的力学强度。随着 SnO₂ 体积分数的增长，Ag-SnO₂ 电触头材料的力学性能发生显著变化。随着 SnO₂ 体积分数上升，材料的屈服强度上升，而抗拉强度先升后降，拐点出现在 18.3％处。26.5％的 SnO₂ 强化的 Ag-SnO₂ 电触头材料表现出脆性材料的特征，在未出现明显屈服时就出现断裂，因而抗拉强度明显下降。

表 3.5　SnO₂ 体积分数对 Ag-SnO₂ 电触头材料力学性能影响

SnO₂ 体积分数/％	SnO₂ 质量分数/％	屈服强度/MPa	抗拉强度/MPa
0	0	53.8	153.9
9.5	6	146.3	194.6
18.3	12	182.2	219.1
26.5	18	—	128.2

3.6.2　SnO₂ 对 Ag-SnO₂ 电触头材料的直接强化作用

直接强化指的是材料受载时，基体向增强体的载荷传递。关于载荷传递机制的强化模型很多，最简单的是混合定律[167]：

$$\sigma_C = \sigma_m f_m + \sigma_P f_P \tag{3.7}$$

式中　σ_C——复合材料的强度；

　　　σ_m——基体的强度；

　　　σ_P——增强相颗粒的强度；

　　　f_m——基体的体积分数；

　　　f_P——增强相颗粒体积分数。

然而，通过混合定量预测的强度往往与实际强度相差甚远，其主要原因是混合定律没有考虑增强体的形貌、空间分布等因素对材料性能的影响[167]。本书利用 ANSYS 软件，采用有限元模拟，计算出 SnO₂ 强化后，Ag-SnO₂ 电触头材料断裂前的应力-应变曲线变化，以及应力分布的改变。

本书计算了不同增强相 SnO₂ 体积分数（9.5%，8.3%，26.5%）下，材料的弹性模量和屈服强度的变化。需要说明的是，由于没有引入失效机制，所得结果仅对材料出现断裂失效前有效。本书采用的是三维单球模型，增强颗粒选用球形 SnO₂ 颗粒，胞体为 Ag 立方体，不同体积分数 SnO₂ 强化的 Ag-SnO₂ 电触头材料的三维有限元模型如图 3.17 所示。

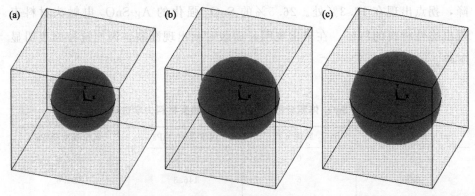

图 3.17　有限元三维模型中不同体积分数 SnO₂ 强化的 Ag-SnO₂ 电触头材料三维模型

(a) 9.5%；(b) 18.3%；(c) 26.5%

以 9.5％的 SnO₂ 强化的 Ag-SnO₂ 电触头材料为例，从模拟过程中截取了各应变条件下的应力云图如图 3.18 所示。应力云图直观显示了在加载的过程中的应力和应力分布变化。SnO₂ 的强化使得应力在 SnO₂ 周围发生分布变化。在加入 SnO₂ 增强相的 Ag 基体中，基体向增强相传递载荷。在垂直载荷的方向上，SnO₂ 受到压应力，对应区域 Ag 基体受到拉应力；在平行载荷的方向上，SnO₂ 受到拉应力，对应区域 Ag 基体受到压应力。随着应变的增加，这种应力重新分布的现象逐渐加剧。

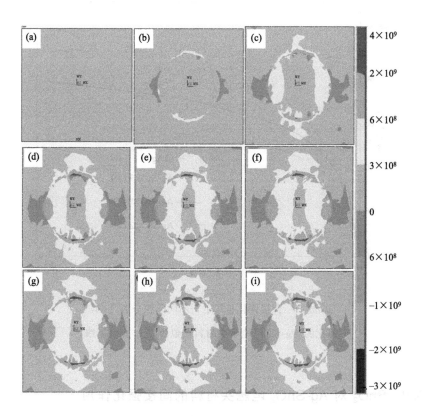

图 3.18　不同应变时 Ag-SnO₂（9.5％ SnO₂）电触头材料的应力云图

(a) 0；(b) 0.3％；(c) 0.6％；(d) 0.9％；(e) 1.2％；(f) 1.5％；(g) 1.8％；(h) 2.1％；(i) 2.4％

图 3.19 是计算得出的不同体积分数 SnO₂ 增强的 Ag-SnO₂ 电触头材料的应力-应变曲线。随着 SnO₂ 体积分数的增加，Ag-SnO₂ 电触头材料的弹性模

量线性增长，屈服强度也有所上升。9.5%，18.3%，26.5%三种体积分数SnO₂ 强化的 Ag-SnO₂ 电触头材料的屈服强度（$\sigma_{0.2}$）计算值分别为58.8MPa，68.1MPa，84.1MPa，相对纯 Ag 的屈服强度（53.8MPa），分别提高了 5.0MPa，14.3MPa，30.3MPa。但与表 3.5 的实验数值比较，这种提高非常微小。以上结果说明，对于 Ag-SnO₂ 电触头材料，载荷传递机制对力学性能强化作用极微。

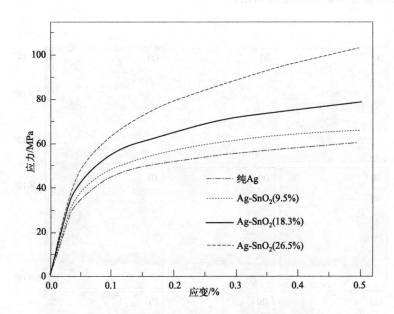

图 3.19　直接强化机制下，不同体积分数 SnO₂
强化的 Ag-SnO₂ 电触头材料模拟的应力-应变曲线

3.6.3　SnO₂ 对 Ag-SnO₂ 电触头材料的间接强化作用

间接强化指增强相加入对基体本身造成的强化。增强相的加入可以对基体的显微组织和形变方式产生影响，从而间接造成复合材料的强化。间接强化机制包括细晶强化、位错增殖强化、Orowan 强化、固溶强化等。本节结合前人经验公式和定律，计算间接强化机制在 Ag-SnO₂ 电触头材料中的作用。

（1）细晶强化

图 3.20 展示了不同体积分数 SnO_2 的 Ag-SnO₂ 电触头材料的扫描电镜照片。SnO_2 增强相的加入，显著改变了基体的显微组织，随着 SnO_2 体积分数的增加，基体晶粒尺寸逐渐减小。增强相的钉扎作用是一种控制材料晶粒尺寸的重要机制。SnO_2 增强相钉扎在 Ag 晶界处，将抑制 Ag 原子扩散，阻止晶界移动，甚至终止晶粒生长。

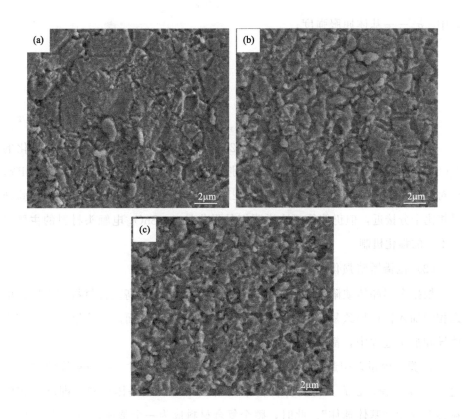

图 3.20　不同体积分数 SnO_2 强化的 Ag-SnO₂ 电触头材料显微组织

(a) 9.5％；(b) 18.3％；(c) 26.5％

针对本实验，统计 100 个晶粒尺寸后，得出 9.5％，18.3％，26.5％三种不同体积分数 SnO_2 强化的 Ag-SnO₂ 电触头材料的平均 Ag 晶粒尺寸，分别为 $2.3\mu m$，$1.2\mu m$，$1.0\mu m$。

要发生宏观可见的塑性过程，首先在晶粒内部必须塞积一定数量的位错，产生足够的应力后，才能使相邻晶粒中的位错源开始运动。当基体晶粒尺寸细化、晶界面积增大时，晶界阻碍位错活动的作用能力增强，位错运动所需应力增加，表现出材料抵抗载荷的能力增加，强度得到提高。晶粒细化引起的屈服强度增量可用 Hall-Petch 公式[168] 计算：

$$\sigma_g = \sigma_0 + \frac{k_y}{\sqrt{d_m}} \tag{3.8}$$

式中　σ_g——基体屈服强度；

　　d_m——基体晶粒尺寸；

　　σ_0——单晶 Ag 屈服强度；

　　k_y——常数。

根据 Aldrich 等的研究[169]，σ_0 和 k_y 分别等于 24MPa 和 1.69MPa·$cm^{1/2}$。

据此，计算得到 9.5%，18.3%，26.5% 三种不同体积分数 SnO_2 强化的 Ag-SnO_2 电触头材料的屈服强度，分别为 136.1MPa，177.0MPa，189.6MPa，相对纯 Ag 分别提高了 82.3MPa，123.2MPa，135.8MPa。与 3.4.4.1 的实验结果相比十分接近，但仍偏低。这说明细晶强化是 Ag-SnO_2 电触头材料的主要但不唯一的强化机制。

（2）位错增殖强化

根据金属晶体缺陷理论，位错密度的增加有利于提高复合材料的强度。增强相的加入往往导致复合材料产生更高的位错密度，从而产生位错。在热应力诱导和加工过程中，都有可能产生位错。

a. 弹性模量差引起的位错。这种强化机制可以通过 Eshelby 等效包含理论[170] 来解释。首先，将复合材料中的增强相全换成基体材料，即增强相颗粒转变成为"基体球体"。此时，整个复合材料成为一个整体，当受到负载时，基体变形，"基体球体"将随之扭曲成为"基体椭球体"。但对于实际复合材料，增强相弹性模量与基体存在差别（SnO_2 弹性模量远大于 Ag 弹性模量），增强相发生的变形有别于"基体球体"，因而在增强相与基体间将产生应变差，增强相表面将产生大量的位错环以匹配这种应变差。这种弹性模量差引起的位错强化，也可以理解为一种加工硬化。

在塑性变形中，增强相表面产生的塑性变形失配可以表示为[163]：

$$n^{EM}b = \varepsilon d_p / b \tag{3.9}$$

式中，ε 是应变。

复合材料中增强相颗粒数为：

$$N_P = \frac{6f_P}{\pi d_P^3} \tag{3.10}$$

如果每个位错环的长度为 πd_P，那么弹性模量差引起的位错密度可以表示为：

$$\rho_G^{EM} = \frac{6f_P}{bd_P}\varepsilon \tag{3.11}$$

b. 热胀系数差引起的位错。由于增强相 SnO_2 和 Ag 基体的热胀系数存在差别，在样品的退火过程中，Ag 基体和 SnO_2 增强相存在应变失配，为适应这种热失配变形，在 SnO_2 颗粒表面将生成大量的位错环，这种缺陷的产生将对 Ag-SnO_2 电触头材料的强度带来提高。这种位错的浓度可以用式(3.6)来计算。

c. 位错增殖强化增量。复合材料中位错密度的提高，将导致基体屈服强度的提高[163]：

$$\sigma_{my} = \sigma_{m0} + \Delta\sigma_d \tag{3.12}$$

式中，σ_{my} 是强化后的基体屈服强度；σ_{m0} 是强化前的基体屈服强度。以上两种位错引起的屈服强度提高 $\Delta\sigma_d$ 可以表示为[163]：

$$\Delta\sigma_d = \sqrt{(\Delta\sigma_{EM})^2 + (\Delta\sigma_{CTE})^2} \tag{3.13}$$

式中，$\Delta\sigma_{EM}$，$\Delta\sigma_{CTE}$ 分别是弹性模量差引起位错、热胀系数差引起位错导致的屈服强度增加。根据 Taylor 位错强化关系式，两种位错引起的屈服强度增加可分别表示为[163]：

$$\Delta\sigma_d = \sqrt{3}\,\alpha\mu_m b\sqrt{\rho_G^{EM}} \tag{3.14}$$

$$\Delta\sigma_{EM} = \sqrt{3}\,\beta\mu_m b\sqrt{\rho_G^{CTE}} \tag{3.15}$$

式中，μ_m 是基体的剪切模量。两种位错的强化系数 α 和 β 分别为 0.5 和 1.25。

在细晶强化基础上，据以上公式考虑位错增殖强化机制，计算得 9.5%，18.3%，26.5% 三种不同体积分数 SnO_2 强化的 Ag-SnO_2 电触头材料的屈服强度分别为 151.3MPa，197.6MPa，215.3MPa，与 3.4.4.1 节的实验结果相比已十分接近，相对细晶强化的 Ag 分别提高了 15.2MPa，20.6MPa，25.7MPa，这种强化作用引起的强度增量比细晶强化的要小。

（3）Orowan 强化

1948 年，Orowan（奥罗万）提出一种强化机制，其认为：硬质增强颗粒在基体中弥散分布将阻碍位错运动，位错线只能从增强颗粒之间凸出，最终连在一起继续运动，并在增强颗粒周围留下位错，阻碍经过此处运动的位错线，从而增强基体的作用。这种机制被称为 Orowan 机制，并已被实验数据所证明[86]。根据 Schmid 定律[170]，Orowan 作用引起的强化增量可以表示为：

$$\Delta\sigma_{OR} = M\tau_{OR} \tag{3.16}$$

式中，$M=3$，是 Taylor 因子；τ_{OR} 是颗粒对剪切强度的增强量，根据 Martin 修正过的 Orowan 方程[171]，可以表示为

$$\tau_{OR} = \frac{0.81\mu_{m}b}{2\pi(1-v)^{1/2}\lambda}\ln\left(\sqrt{\frac{2}{3}}\times\frac{d_{P}}{r_{0}}\right) \tag{3.17}$$

式中，v 是泊松比；r_0 是位错芯半径；λ 是颗粒间距，当增强颗粒在基体中均匀分布时：

$$\lambda = \sqrt{\frac{1}{6}}\left(1.25\sqrt{\frac{\pi}{f_{P}}}-2\right)d_{P} \tag{3.18}$$

在上文讨论的细晶强化和位错增殖强化的基础上，根据以上公式考虑 Orowan 强化机制，计算得到 9.5％，18.3％，26.5％三种不同体积分数 SnO_2 强化的 Ag-SnO_2 电触头材料的屈服强度分别为 152.6MPa，198.9MPa，217.4MPa，相对细晶强化和位错强化的 Ag-SnO_2 电触头材料分别提高了 1.3MPa，1.3MPa，2.1MPa，提高量极小。这说明 Orowan 强化机制在本书讨论的 Ag-SnO_2 电触头材料中起的作用极其微小。这或许是因为本书采用的 SnO_2 颗粒尺寸较大（15μm），与基体晶粒内的位错发生作用较小。

3.6.4　SnO_2 对 Ag-SnO_2 电触头材料的混合强化作用

以上各种单一强化机制计算得到的强度与实际强度都存在差别。Ag-SnO_2

电触头材料表现出的强度，绝非以上所述某种强化机制单独作用的结果，而是多种强化机制混合强化的结果。在各种间接强化机制作用下，复合材料的屈服强度可以表示为[171]：

$$\sigma_{my} = \sigma_0 + \Delta\sigma_g + \Delta\sigma_d + \Delta\sigma_{OR} \tag{3.19}$$

将通过间接强化机制作用的基体屈服强度作为修正后的 Ag 基体材料屈服强度，重新代入 3.4.4.2 所采用的直接强化作用模拟方法，模拟得到混合强化作用的 Ag-SnO₂ 电触头材料力学性能计算结果，如图 3.21 所示。

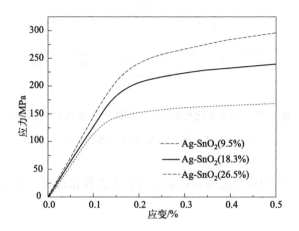

图 3.21　混合强化机制下，不同体积分数 SnO₂
强化的 Ag-SnO₂ 电触头材料的应力-应变曲线

混合强化机制计算得到 9.5%，18.3%，26.5% 三种不同体积分数 SnO₂ 强化的 Ag-SnO₂ 电触头材料的屈服强度分别为 163.1MPa，230.2MPa，284.1MPa，比间接强化的 Ag 分别提高了 10.5MPa，31.3MPa，66.7MPa。其结果与实验结果极其相似。图 3.22 示出不同强化机制对 Ag-SnO₂ 电触头材料屈服强度的贡献值。分析结果说明，SnO₂ 通过直接强化和间接强化两种机制混合作用强化 Ag-SnO₂ 电触头材料。其中，细晶强化是最主要的强化机制，位错增殖强化次之。

理论计算得到的 Ag-SnO₂ 电触头材料的屈服相对实验值略高，可能因为复合材料在变形过程中发生颗粒断裂和脱粘。当增强相颗粒出现脱粘或断裂

电极材料突出的强度。表明以上所列金属化机制均起作用的结构，而此时强化机制均已饱和，当各种强化机制均已饱和时，含量可以增加至其余，多余。

（以下文字难辨识）

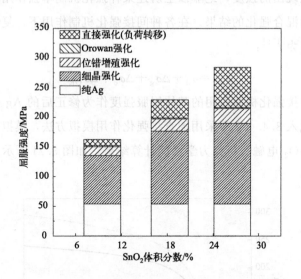

图 3.22　混合强化机制下，不同体积分数 SnO₂ 强化的
Ag-SnO₂ 电触头材料的屈服强度及各机制的作用比例

时，应力集中产生的应变能得到释放，颗粒失去强化效应，复合材料的屈服强度因此降低。

混合强化机制下，当体积分数为 6.25%、18.3%、26.5% 左右不同体积分数 SnO₂ 强化的 Ag-SnO₂，电极关材料的屈服强度分别为 155.1MPa、250.2MPa、281.1MPa，均比纯强化的 Ag，分别高于 76.5MPa、51.3MPa、86.7MPa，其结果与实验结果相比相似。图 3.22 示出不同体积分数 Ag-SnO₂ 电极关材料屈服强度随颗粒增多而增加；SnO₂ 通过 Orowan 强化和位错增殖强化的混合强化 Ag-SnO₂ 电极关材料。其中，细晶强化是最主要的强化机制，位错增殖强化次之。

随着目标使用的 Ag-SnO₂ 电极关材料相应使用和高温电极关，为确保现有复合材料在过程中更生原材料损失。这种细颗粒影响出现在现金高的细颗粒。

第 4 章

Ag-SnO$_2$ 电触头材料增强相形貌调控与性能

研究表明[59]，Ag 基电触头材料的工作性能主要受其显微组织影响。而目前，关于 Ag-SnO$_2$ 电触头材料中 SnO$_2$ 颗粒形貌的研究极少，大部分的研究集中在颗粒或球形 SnO$_2$ 强化的 Ag-SnO$_2$ 电触头材料[156,172-175]。本书的第 3 章研究了颗粒状 SnO$_2$ 增强的 Ag-SnO$_2$ 电触头材料的性能特点，发现对于各向同性的颗粒状 SnO$_2$ 强化 Ag-SnO$_2$ 电触头材料，在单纯调控颗粒尺寸和体积分数的情况下，电导率和硬度等性能往往呈现此消彼长的特点。乔秀清[89] 对不同形貌（空心微球、实心微球和亚微米棒状）的 SnO$_2$ 增强的 Ag-SnO$_2$ 电触头材料进行了性能对比。结果表明，相比于 SnO$_2$ 实心微球，SnO$_2$ 空心微球强化的 Ag-SnO$_2$ 电触头具有更高的致密度，而 SnO$_2$ 亚微米棒强化的 Ag-SnO$_2$ 电触头在致密度、硬度、电导率和抗电弧性能方面都有提高。而对于更多其他形貌 SnO$_2$ 对 Ag-SnO$_2$ 电触头材料的性能影响仍未有报道。

在 Ag-SnO$_2$ 电触头材料中，In$_2$O$_3$ 是一种常见的添加成分，但多数是用于内氧化法制备的电触头中[71]，用于调控 O 和 Sn 的扩散平衡。Degussa[78] 在粉末冶金制备的 Ag-SnO$_2$ 电触头材料中添加了颗粒状的 In$_2$O$_3$，发现其对抗电弧性能存在非常明显的提高。但关于 In$_2$O$_3$ 形貌对电触头的性能影响却未有研究。

本章以第 2 章制备的四种形貌的 SnO$_2$ 为增强相，制备出四种 Ag-SnO$_2$

电触头材料，研究增强相形貌对 Ag-SnO$_2$ 电触头材料物理、力学和电学性能的影响。在得出的最优 Ag-SnO$_2$ 电触头材料中，加入三种不同形貌的 In$_2$O$_3$，研究 In$_2$O$_3$ 添加及其形貌对 Ag-SnO$_2$ 电触头材料电学性能的影响。

4.1 合成方法

4.1.1 原料及工艺过程

同 3.1.1 和 3.1.2。

4.1.2 分析

4.1.2.1 电接触测试

通过线切割或冷镦，将电触头材料热压烧结锭制成截面为 ϕ2.8mm 的电触头样品。为尽量避免电触头接触面粗糙引起的电流收缩，将样品表面制成弧形，并抛光。采用电接触测试系统（如图 4.1 所示），在 24V/10A 直流阻性负载条件下，进行电接触测试，操作方式为分断-闭合，频率为 60 次/min，分断

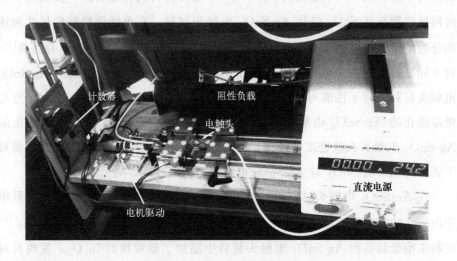

图 4.1　电接触模拟测试平台

距离为 1cm，测试进行 10 万次，每隔 5000 次取出并称量电触头质量变化。电接触实验后对电触头表面进行表面形貌和元素分布分析。

4.1.2.2　其他分析手段

同 3.1.3。

4.2　SnO₂ 形貌对 Ag-SnO₂ 电触头材料显微组织及性能影响

4.2.1　SnO₂ 形貌对 Ag-SnO₂ 电触头材料物相及显微组织影响

本书第 2 章制备了四种形貌的 SnO₂ 粉体，如图 2.20 所示。以这四种形貌的 SnO₂ 为核心，采用柠檬酸辅助的非均匀沉淀法，制备出四种形貌 SnO₂ 强化的 Ag-SnO₂ 复合粉体。图 4.2 为四种形貌 SnO₂ 强化的 Ag-SnO₂ 复合粉体的 XRD 图谱，复合粉体由面心立方相 Ag 和金红石结构 SnO₂ 组成，结晶性完好，未见其他杂相。

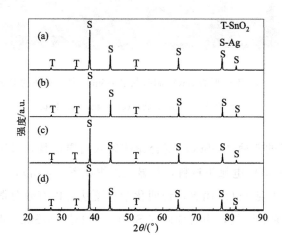

图 4.2　不同形貌 SnO₂ 制备的 Ag-SnO₂ 复合粉体的 XRD 图谱

（a）颗粒状；（b）管状；（c）棒状；（d）针状

图 4.3 为采用非均匀沉淀法制备的 Ag-SnO$_2$ 复合粉体形貌，未见单独的如图 2.20 所示的初始 SnO$_2$ 形貌的颗粒，说明 Ag 在 SnO$_2$ 上沉淀包覆。

图 4.3　不同形貌 SnO$_2$ 制备的 Ag-SnO$_2$ 复合粉体的形貌
(a) 颗粒状；(b) 管状；(c) 棒状；(d) 针状

将以上合成的四种 Ag-SnO$_2$ 复合粉体装入石墨模具，采用热压烧结工艺制备成块状 Ag-SnO$_2$ 电触头材料，其显微组织如图 4.4 所示。SnO$_2$ 均匀分布于 Ag 基体中，未见 SnO$_2$ 团聚，说明化学包覆法可以有效分散 SnO$_2$。此外，SnO$_2$ 基本保持原始形貌，为后续研究 SnO$_2$ 形貌对 Ag-SnO$_2$ 电触头的性能影响提供有效基础。

4.2.2　SnO$_2$ 形貌对 Ag-SnO$_2$ 电触头材料物理性能影响

表 4.1 展示了 SnO$_2$ 增强相的信息和四种对应 Ag-SnO$_2$ 电触头材料的硬

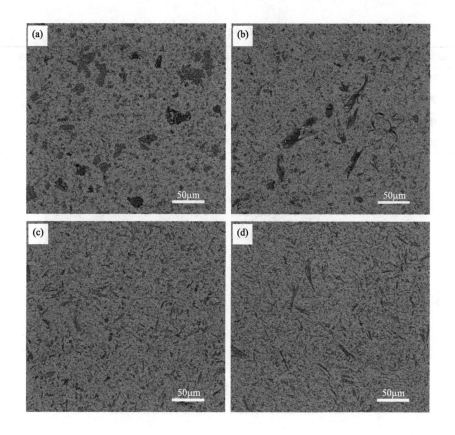

图 4.4　不同形貌 SnO₂ 强化的 Ag-SnO₂ 电触头材料的背散射照片
（a）颗粒状；（b）管状；（c）棒状；（d）针状

度、密度和电导率，可能是由于较细的粉体烧结活性较高，比表面积越大的 Ag-SnO₂ 强化的电触头材料致密度越高。四种电触头材料电导率和硬度均优于国家标准中对片材产品的要求（GB/T 20235—2006，电导率≥57.5% IACS，硬度≥80HV）。一维棒状 SnO₂ 强化的 Ag-SnO₂ 电触头材料普遍具有较高的电导率，这可能是由于涡流法所测导电方向平行于电触头表面，而热压制备的电触头中一维 SnO₂ 大部分平行于电触头表面，如图 4.5 所示，因而该方向上电子散射较少，具有较高的导电性。热压过程中，坯体在垂直于压力方向上延伸，在平行压力方向上收缩，压力与一维 SnO₂ 的轴向成一定角度，当该角度为 90°时应变能最小，在应变能作用下，SnO₂ 粒子发生偏移和旋转而重新排列，平衡时一维 SnO₂ 的轴向与压力方向成 90°夹角。

表 4.1 不同形貌 SnO_2 强化的 $Ag\text{-}SnO_2$ 电触头材料物理与电学性能

SnO_2 形貌	增强相比表面积/(m²/g)	相对密度/%	电导率/%IACS	硬度/HV
颗粒状	1.0069	95.0	61.2	81.2
管状	3.1078	98.0	65.2	85.5
棒状	1.8756	99.3	66.9	87.8
针状	2.3444	98.2	65.5	81.3

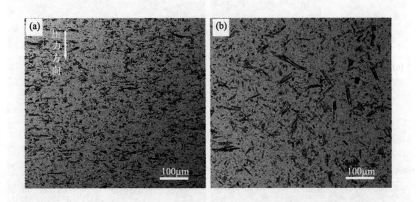

图 4.5 管状 SnO_2 强化的 $Ag\text{-}SnO_2$ 电触头材料的背散射照片

(a) 平行于压力方向截面；(b) 垂直于压力方向截面

SnO_2 对 $Ag\text{-}SnO_2$ 电触头材料的强化主要是通过细晶强化机制（详见 3.4.4），四种电触头材料表现出的硬度差异，很可能归因于不同形貌 SnO_2 晶粒对 Ag 晶粒长大的抑制作用程度不同。在烧结过程中，伴随着以晶面能为驱动力的 Ag 基体晶粒长大。位于晶界上的增强相 SnO_2 占据一部分晶界面积，使得晶界能降低，从而减少晶粒长大的驱动力。当晶界能产生的驱动力不足以使晶界与增强相粒子分离时，晶界将被钉扎，晶粒长大过程停止。而刘祖耀等的研究表明[176]，一维形貌的增强相对基体晶粒长大的钉扎作用要强于球形增强相。所以，一维形貌 SnO_2 强化的 $Ag\text{-}SnO_2$ 电触头材料表现出更高的硬度。

4.2.3 SnO_2 形貌对 $Ag\text{-}SnO_2$ 电触头材料的直流抗电弧特性影响

图 4.6 是四种不同形貌 SnO_2 强化的 $Ag\text{-}SnO_2$ 电触头材料在 10 万次开合

实验中的材料转移与损失情况。总体来看，四种电触头材料都表现出阳极增重、阴极失重的现象，是明显的气相电弧侵蚀特征，电弧引燃后的材料转移过程可分为两个阶段[177]：

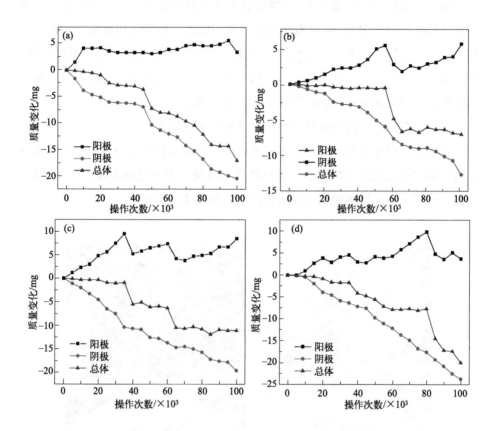

图 4.6　不同形貌 SnO₂ 强化的 Ag-SnO₂ 电触头材料

在 10 万次电接触操作中的材料转移与损失情况

（a）颗粒状；（b）管状；（c）棒状；（d）针状

第一阶段：当弧长小于某一临界值时（即电触头分断距离小于 S_{cr}，约等于一个平均电子自由程数量级[178]）称为阳极电弧。在此阶段，分断电触头间的熔融金属桥断裂，电触头间充满了大量的金属蒸气，阴阳电触头间压降迅速上升。当电场强度达到金属 Ag 蒸气的电离电位时，金属原子被激发为金属离子和电子，产生金属相电弧，大量金属阳离子从阳极发射，在弧柱区高气压的作用下向阴极移动，与电子碰撞，沉淀在阴极表面，表现为阴极增重、阳极失重。随着阴阳电触头间距离增大，阴阳电触头间压降继续增加，材料转移逐渐明显。

第二阶段：当弧长超过 S_{cr}（即电触头分断距离较大）时，金属蒸气密度显著降低，而空气中 O_2 等因电压提升而发生电离，形成气相电弧，又称为阴极电弧。在此阶段，轰击阴极的阳离子主要来自电离的气体，阴极材料熔化，以液滴形式向外喷溅，其中部分转移到阳极，一部分洒落弧斑周围，或电触头间隙内。材料转移方向反转，阴极失重、阳极增重。

最后，电弧产生的净转移是两阶段转移的累计结果。

由于本实验中电触头分断距离较长，第二阶段的燃弧时间较长，因而表现出明显的气相电弧作用结果。与材料转移相对应，阴极电触头表面出现蚀坑，如图 4.7 所示，阳极电触头表面出现凸起，如图 4.8 所示。

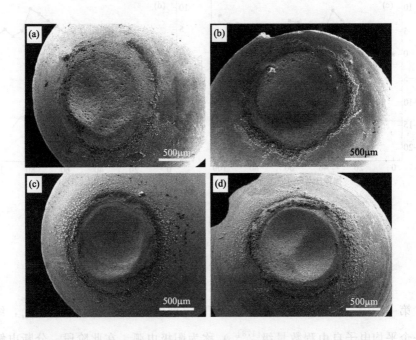

图 4.7　不同形貌 SnO_2 强化的 Ag-SnO_2 电触头阴极材料在 5000 次电接触操作后的形貌
(a) 颗粒状；(b) 管状；(c) 棒状；(d) 针状

Ag-SnO₂ 电触头材料阴极损失量与 SnO₂ 形貌密切相关：一方面，随着 SnO₂ 比表面积的增大，其与熔融 Ag 接触面增大，电弧作用下形成的熔体黏度随之提高，液滴喷溅减少，有利于阴极材料损失的减少；另一方面，尺寸细小的 SnO₂ 在气相电弧作用下容易分解或气化，因而随着电弧次数的增加，阴极失重出现加速的现象，因而针状 SnO₂ 强化的 Ag-SnO₂ 电触头材料阴极失重较大。

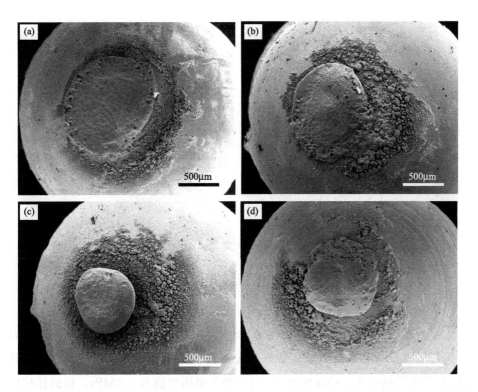

图 4.8　不同形貌 SnO₂ 强化的 Ag-SnO₂ 电触头阳极材料在 5000 次电接触操作后的形貌
(a) 颗粒状；(b) 管状；(c) 棒状；(d) 针状

在 10 万次电接触操作后，四种形貌 SnO₂ 强化的 Ag-SnO₂ 电触头材料阴极损失量依次为：管状 SnO₂(12.8mg) ＜ 棒状 SnO₂(19.6mg) ＜ 颗粒状 SnO₂(20.4mg) ＜ 针状 SnO₂(23.6mg)。而四种形貌 SnO₂ 的比表面积依次为：管状 SnO₂(3.11m²/g) ＞ 针状 SnO₂(2.34m²/g) ＞ 棒状 SnO₂(1.88m²/g) ＞ 颗粒状 SnO₂(1.01m²/g)。除针状 SnO₂ 强化的电触头外，其他 Ag-SnO₂ 电触头

材料的阴极材料损失随 SnO_2 的比表面积增大而减小。在电弧作用的热效应下，阴极弧斑内发生熔化，而熔体的流动性受到其黏度的影响。对于 Ag-SnO_2 熔融体系，除去 Ag 熔体本身的内摩擦力，Ag 熔体与 SnO_2 粒子之间也会产生摩擦力，使熔体黏度增大，熔体相邻部分相对运动受阻，流动性下降。对于比表面积较大的 SnO_2，其与熔体的摩擦面积较大，因而对熔体黏度提高作用更显著。

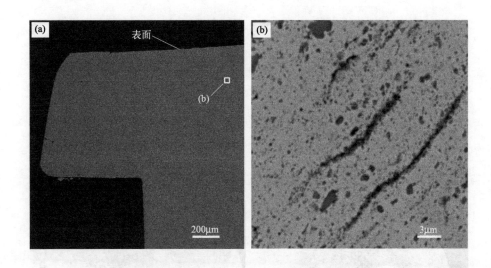

图 4.9　针状 SnO_2 强化的 Ag-SnO_2 铆钉的纵截面背散射照片

以本书四种形貌 SnO_2 强化的 Ag-SnO_2 电触头材料为烧结坯加工成铆钉并进行了单分断电寿命测试，结果令人振奋。加工方式为：将烧结坯加热到 800℃后进行热挤压，挤压比为 31∶1，油压机压力值为 4.5MPa，得到棒材后再进行冷拉拔，每道次直径减小 $200\mu m$，最终得到直径为 1.34mm 的 Ag-SnO_2 电触头丝材，再用铆钉机打成铆钉。在拉拔过程中，除针状 SnO_2 强化的 Ag-SnO_2 电触头外的三种电触头丝材都发生开裂现象，具体原因仍有待进一步研究。加工成的针状 SnO_2 强化 Ag-SnO_2 铆钉的纵截面背散射照片如图 4.9 所示。针状 SnO_2 碎裂成小颗粒，并在加工过程中随 Ag 变形而流动，在近铆钉表面区域呈纤维状垂直排列。

单分断电寿命委托昆贵进行测试，测试使用昆明贵研金峰科技有限公司生产的 JF04C 电接触材料测试仪，实验中负载条件为：24V/10A 直流阻性负载、分断距离为 0.55mm、分断频率为 60 次/min。本实验制备的针状 SnO$_2$ 强化 Ag-SnO$_2$ 铆钉具有卓越的电寿命，在 80 万次分断后未出现一次熔焊。需要说明的是，加工后 SnO$_2$ 的形貌发生了改变，因而加工后的铆钉和加工前的电触头并不具备可比性。其他三种形貌 SnO$_2$ 制备的电触头材料采用工厂现行的加工方式难以加工成铆钉，因而其电寿命测试暂时难以进行。未来若能对加工方式进行改进，管状和棒状 SnO$_2$ 强化的电触头有望实现良好的寿命延长。

4.3　Ag-SnO$_2$ 电触头材料的电弧侵蚀表面形貌特征及其形成机理

研究 Ag-SnO$_2$ 电触头材料的电弧侵蚀组织，可以帮助了解电弧对 Ag-SnO$_2$ 电触头材料的作用机制，认识电弧侵蚀形貌对 Ag-SnO$_2$ 电触头材料电性能的影响，为提高 Ag-SnO$_2$ 电触头材料的使用寿命提供理论依据，因而十分有价值。在此，从颗粒状 SnO$_2$ 强化的 Ag-SnO$_2$ 电触头材料展开，与一维 SnO$_2$ 强化 Ag-SnO$_2$ 电触头材料对比，对 5000 次电接触操作后的显微组织进行研究。

4.3.1　Ag-SnO$_2$ 电触头材料的阴极电弧侵蚀表面形貌特征及其形成机理

颗粒状 SnO$_2$ 强化的 Ag-SnO$_2$ 电触头材料在 5000 次电接触操作后的阴极显微组织如图 4.10 所示。电弧侵蚀后，阴极表面从弧斑中心向外呈圆环状辐射，形成不同形貌组成的 4 层靶状组织，对应的元素组成如表 4.2 所示。

（1）蚀坑中心

阴极蚀坑中心对应弧斑中心。如图 4.10(b) 所示，蚀坑内存在富 Ag 区和富 Sn 区，其中，富 Ag 区凹凸不平，如浓稠岩浆沸腾状，以后命名为熔浆状组织；而富 Sn 区凹陷，形成孔洞。

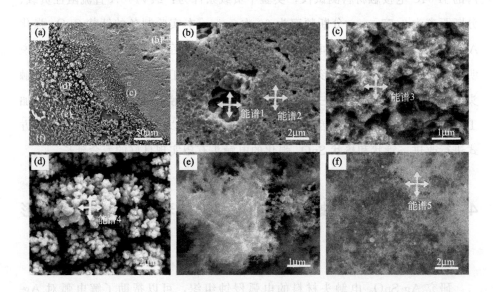

图 4.10　颗粒状 SnO_2 强化的 Ag-SnO_2 电触头材料阴极在 5000 次电接触操作后的显微组织

表 4.2　图 4.10 中各区域能谱分析结果（原子分数）　单位：%

区域	Ag	Sn	O
能谱 1	7.27	28.52	64.21
能谱 2	79.78	5.12	15.11
能谱 3	57.69	5.99	36.31
能谱 4	26.07	17.31	56.63
能谱 5	43.00	10.53	46.07

图 4.11 展示四种形貌 SnO_2 强化的 Ag-SnO_2 电触头阴极中熔浆状组织的放大照片。由于 Ag 熔点低，而沸点高（熔点 961℃，沸点 2212℃），在电弧作用时，Ag 熔化成液态并伴随沸腾，产生无数气泡并破裂，液滴向外喷溅，在燃弧结束后，熔体快速凝固，保留下带有沸腾痕迹的熔浆状的形貌。各形貌 SnO_2 增强 Ag-SnO_2 电触头阴极中沸腾孔尺寸分别为：管状 SnO_2 强化的电触头（约 300nm）＞针状 SnO_2 强化的电触头（约 250nm）＞棒状 SnO_2 强化的电触头（约 220nm）＞颗粒状 SnO_2 强化的电触头（约 200nm）。恰好与增强相比表面积成正比：管状 SnO_2（3.11m^2/g）＞针状 SnO_2（2.34m^2/g）＞棒状

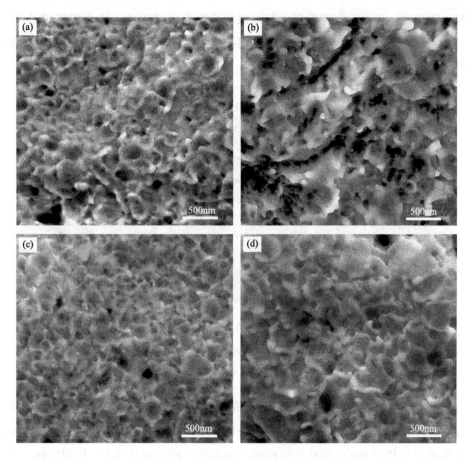

图 4.11　不同形貌 SnO₂ 强化 Ag-SnO₂ 电触头材料阴极在 5000 次

电接触操作后的熔浆状组织的形貌

（a）颗粒状；（b）管状；（c）棒状；（d）针状

SnO₂（1.88m²/g）＞颗粒状 SnO₂（1.01m²/g）。假设沸腾时的气泡表面为球面，当气泡稳定存在时，根据 Young-Laplce 方程[179]：

$$\Delta P = \frac{2\gamma}{R} \tag{4.1}$$

式中　ΔP——气泡内外的压力差；

　　　γ——液面的表面张力；

　　　R——气泡半径。

由于电接触测试都是在常压下进行，可认为对于四种 Ag-SnO$_2$ 电触头材料 ΔP 相同，因而，气泡的尺寸与熔液的表面张力成正比。增大增强相 SnO$_2$ 的比表面积，有利于增大熔体黏度，提高熔液表面张力，从而有利于降低液滴喷溅。

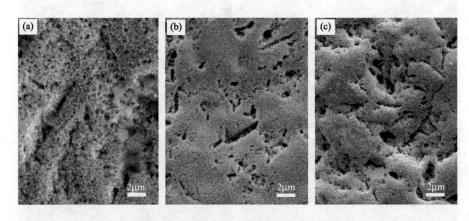

图 4.12　不同形貌 SnO$_2$ 强化的 Ag-SnO$_2$ 电触头材料在 5000 次
电接触操作后的蚀坑中心显微组织
（a）管状；（b）棒状；（c）针状

图 4.12 所示为三种一维 SnO$_2$ 强化的 Ag-SnO$_2$ 电触头材料在 5000 次电接触操作后的蚀坑中心显微组织。结合图 4.10（b）可以发现，蚀坑中心富 Sn 孔洞形状与其中 SnO$_2$ 形状恰好相同，说明该区域恰好是 SnO$_2$ 作用区域。仅考虑重力导致的 Stokes 运动时，密度低于 Ag 的 SnO$_2$ 浮于熔 Ag 表面，当熔 Ag 因喷溅和升华等出现局部凹陷时，此处表面张力增大。而 SnO$_2$ 作用区域内熔体黏度大，表面张力小，熔体会自发向凹陷处补充，以减小表面张力，这种现象称为 Marangoni 效应[180]。这种现象的发生说明 SnO$_2$ 与 Ag 之间润湿良好，SnO$_2$ 通过毛细作用吸附附近熔体，提高熔体黏度，稳定熔池。

（2）蚀坑边缘环状隆起

在蚀坑边缘形成火山口状隆起，该区域对应弧根边缘。这种环状隆起由两方面因素造成：一方面，如格雷等的研究[181]，气相电弧作用下，阳离子撞击作用于蚀坑熔池的底部，使熔化金属向蚀坑周围位移；另一方面，弧斑中心熔 Ag 大量向外喷溅，受 Marangoni 效应影响，在表面力梯度作用下，外围熔

Ag 自发向中心流动。两方面作用下，在冷凝后的蚀坑边缘形成环状隆起，如图 4.10(a) 中的 (c) 位置所示。表 4.2 的能谱分析显示，该区域 O 含量较高，说明液态金属冷凝前大量吸收氧气。液态 Ag 吸收氧气的能力是固态 Ag 的 200 倍，喷溅出的液态熔 Ag 大量吸收空气中的 O，冷却时来不及排除，落在环状隆起上，因而如图 4.10(c) 所示，隆起组织除如蚀坑中心的熔浆状组织外，还存在许多小颗粒。

（3）菜花状组织

在与环状隆起相邻的外圈区域，存在一层菜花状组织组成的环状区域，对应电弧作用熔池外沿，如图 4.10(d) 所示。表 4.2 的能谱分析显示，该区域 Ag 含量低，而 Sn 和 O 含量偏高，此区域为 SnO₂ 聚集区。在电弧作用的熔区内，细小的 SnO₂ 漂浮到电触头表面，受到 Marangoni 效应影响，外围熔 Ag 自发向内圈汇聚，形成蚀坑口环状隆起的同时，也造成外圈难熔相（SnO₂）富集区。燃弧结束后，熔体温度快速下降，达到过冷，析出结晶。冷凝时，熔体依附未熔化的基体结晶生长，形成负的温度梯度。当固液相界面生长形成凸出时，伸到过冷度更大的前端液面中的凸起部分加速生长。析出固体以树枝生长方式进行，形成菜花状形貌。SnO₂ 富集区的形成，可有效抑制液态 Ag 的向外漫延流动，有利于降低材料损耗。因该区域不处于接触区，对电导率影响较小。

（4）絮状组织

在电侵蚀区最外沿，分布着絮状物覆盖的环状带，并随与电弧中心距离的增大而逐渐稀疏，如图 4.10(e) 和图 4.10(f) 所示。表 4.2 的能谱分析显示，该区域内 O 含量偏高，与其他区域相同，很可能是由熔 Ag 吸 O 导致。絮状形貌的形成可用扩散限制凝聚模型[182] 解释。燃弧时，电触头表面发生气化，弧柱中心的高压将气体向外推送。在电弧区的外沿，温度降低，气雾化的材料冷凝成为小微粒。根据扩散限制模型，小微粒随机做无规则运动，当两个相聚后形成簇团，簇团也随机运动，与其他微粒或簇团结合，形成更大簇团。此过程不断进行，形成絮状组织。在实际工作的电触头表面，常发现蚀坑周围有与电触头结合较差的黑色物质沉积，这种黑色物质就对应絮状组织。Ag₂O 在表面沉积，将导致电触头电导率下降。由于絮状物质是沉积在电触头上形成，与电触头结合不牢，通过清洗可很容易去除。

4.3.2 Ag-SnO₂ 电触头材料的阳极电弧侵蚀表面形貌特征及其形成机理

图 4.13 所示为颗粒状 SnO₂ 强化的 Ag-SnO₂ 电触头材料在 5000 次电接触操作后的阳极显微组织。电弧侵蚀后，阳极表面由弧斑中心向外呈环形辐射，形成不同形貌组成的 3 层靶状显微组织，对应的元素组成如表 4.3 所示。

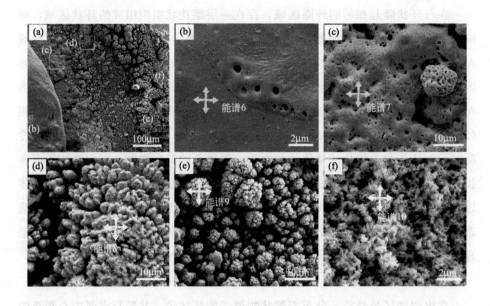

图 4.13　颗粒 SnO₂ 强化 Ag-SnO₂ 电触头材料阳极在 5000 次电接触操作后的显微组织

(1) 中央凸起的泥流状和孔洞

阳极凸起对应阳极弧斑中心。在气相电弧作用下，材料从阴极向阳极转移，在阴极形成火山口状孔洞的同时，在阳极形成凸起或针刺。在燃弧结束瞬间，阴极熔池底对熔液形成反作用力，熔池内金属以液滴形式向外喷出，在阳极表面沉积。凸起表面表现为较光滑的"泥流状"[图 4.13(b)]，这是液态金属铺张流动的痕迹，说明阴极材料主要以液滴喷溅形式向阳极转移。表 4.3 的能谱分析显示，该区域内 O 含量偏高，源自液态 Ag 熔体的大量吸气。电弧作用结束后，材料冷凝并放出气体，因而在凝固的表面留下孔洞。

表 4.3　图 4.13 中各区域能谱分析结果（原子分数）　　　单位：%

区域	Ag	Sn	O
能谱 6	51.18	6.04	42.78
能谱 7	34.97	4.07	60.96
能谱 8	30.76	9.23	60.01
能谱 9	27.05	12.37	60.58
能谱 10	25.28	14.23	60.49

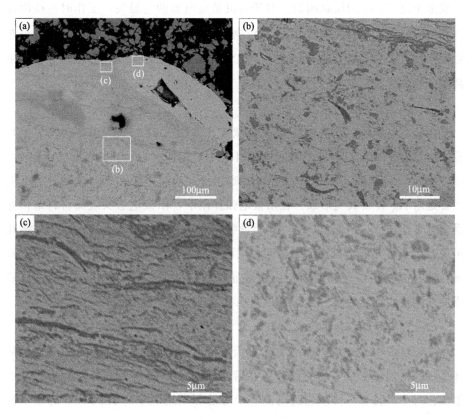

图 4.14　管状 SnO₂ 强化的 Ag-SnO₂ 电触头材料在 5000 次
电接触操作后的阳极纵剖面背散射照片

如图 4.14 所示，管状 SnO₂ 强化的 Ag-SnO₂ 电触头在 5000 次电接触操作后，凸起组织与基体呈现两种不同的显微组织，基体内 SnO₂ 较粗，而凸起

组织顶部细小 SnO_2 均匀弥散，在突起组织中部 SnO_2 呈层状分布。这种显微组织的形成，说明阳极也在电接触过程中受到电弧侵蚀形成熔体，熔体内发生成分偏析。该组织的形成可分三个阶段：第一阶段，在气相电弧的高温作用下，阴极 SnO_2 发生熔化或气化，与 Ag 熔体一起喷溅到阳极；第二阶段，燃弧结束后，SnO_2 在阳极重新冷却析出，重新冷却析出的 SnO_2 往往尺寸较小，如图 4.14(d) 所示；第三阶段，在下一次短弧作用时，阳极弧斑处金属发生熔化，密度较低的 SnO_2 上浮到熔区表面。这种过程在多次电弧作用过程中循环发生，最终，在凸起的前端，细小的 SnO_2 弥散分布，而在中间区域部分，形成多个富 SnO_2 的层状组织。对于高灵敏继电器的电触头，工作时往往因针刺和蚀坑孔洞"卡住"[177]，因而，控制针刺的长度极其重要。SnO_2 层状分布将使接触电阻提高，在下次闭合时，电流从其周围接触点绕过，电流收缩产生高温，烧蚀针刺，使其"折断"。

(2) 凸起外侧多孔组织

在凸起组织外，多孔组织形成环状带，如图 4.13(c) 所示，从放大照片看，这种多孔组织实际是多个小颗粒组成的聚集体。表 4.3 的能谱分析显示，该区域内 O 含量偏高，而 Ag 和 Sn 的摩尔比与凸起组织相近。这种组织可能主要是熔 Ag 吸收氧气形成。在阳极电弧作用下，阳极电触头表面材料熔化并受到电子冲击而向外喷溅，熔 Ag 大量吸气，在冷却后快速凝固形成这种多孔组织。由于不处于电弧中心，从阴极喷溅过来的液滴不能在其上铺张，因而暴露在外。这种含 O 较高的多孔组织电导率和强度都不高，容易造成脱落，造成突然失重。但这种多孔组织的形成也有利于限制阳极凸起的高度。

(3) 珊瑚状组织

在靶状分布最外层，组成物表现为珊瑚状组织[图 4.13(d)~(f)]形成的环形带状区域。表 4.3 的能谱分析显示，该区域内 O 含量偏高，Ag 和 Sn 摩尔比相对中央位置下降。越远离凸起中心的珊瑚组织中的 Ag 和 Sn 的摩尔比越低。这种组织与 4.3.2.1 中提到的阴极菜花状组织形貌相似，都是 SnO_2 聚集区，形成也同样可能是由 Marangoni 效应引起。由于阳极的温度低于阴极，Ag 挥发较少，因而 Marangoni 效应较弱，所以阳极珊瑚状组织内的 Ag 和 Sn 摩尔比高于阴极菜花状组织。在越远离弧斑中心的区域，过冷度越高，形核量越大，因而组织越细小，而树枝生长越细长。

4.4　In₂O₃ 添加对 Ag-SnO₂ 电触头材料显微组织及性能影响

管状 SnO₂ 强化的 Ag-SnO₂ 电触头材料具有很低的材料损失，但其材料转移率却较高，本节在此类电触头材料中添加 In₂O₃，改善该类材料的材料转移率，并分析了 In₂O₃ 形貌对电触头的性能的影响。

前期工作中[183]，通过均相沉淀法合成出三种形貌的含 In 化合物前驱体，其形貌和选区衍射结果如图 4.15 所示。前驱体经 2h 煅烧（棒状和立方块在 600℃，片状在 900℃）后得到 In₂O₃ 粉体，其形貌和 XRD 图谱分别如图 4.16 和图 4.17 所示。三种粉体均为体心立方相的 In₂O₃，分散性良好，团聚度低，形貌分别为立方体（边长约为 1μm），棒状（ϕ50nm×0.8μm）和圆片状（ϕ2μm×0.1μm）。采用柠檬酸辅助的非均匀沉淀法，以管状 SnO₂ 和三种形貌 In₂O₃ 粉体为增强相，非均匀沉淀 Ag，并在 600℃ 煅烧 2h，得到 Ag-SnO₂-In₂O₃ 复合粉体，其中 Ag、SnO₂ 和 In₂O₃ 的质量比为 88∶8∶4。三种 Ag-SnO₂-In₂O₃ 复合粉体的 XRD 图谱如图 4.18 所示。复合粉体由面心立方相 Ag，金红石结构 SnO₂ 和体心立方相 In₂O₃ 组成，未见其他杂相。

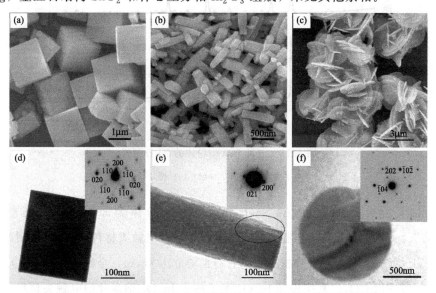

图 4.15　三种含 In 化合物前驱体的形貌（插图为选区衍射图）

(a)，(d) 立方体；(b)，(e) 棒状；(c)，(f) 圆片状

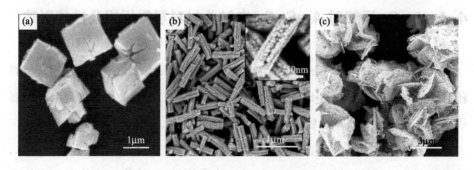

图 4.16　三种 In_2O_3 粉体的形貌

(a) 立方体；(b) 棒状；(c) 圆片状

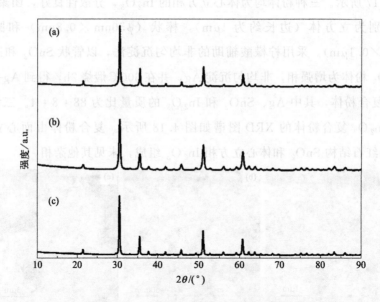

图 4.17　三种 In_2O_3 粉体的 XRD 图谱

(a) 立方体；(b) 棒状；(c) 圆片状

以实验合成的三种 $Ag\text{-}SnO_2\text{-}In_2O_3$ 复合粉体为原料，经热压烧结（700℃，60MPa，2h）得到块状 $Ag\text{-}SnO_2\text{-}In_2O_3$ 电触头材料，其 XRD 图谱如图 4.19 所示。三种电触头材料中均含有面心立方相 Ag，金红石结构 SnO_2 和体心立方相 In_2O_3。其中添加 In_2O_3 纳米棒和 In_2O_3 纳米片的电触头材料中还存在 Ag_9In_4 合金相。这可能是因为在热压烧结过程中，纳米 In_2O_3 易解离形

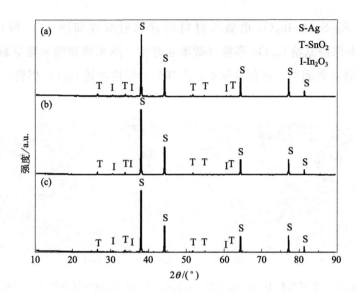

图 4.18　不同形貌 In_2O_3 强化的 Ag-SnO₂-In_2O_3 复合粉体的 XRD 图谱

（a）立方体；（b）棒状；（c）圆片状

成单质 In，并固溶入 Ag，形成 Ag_9In_4 相。

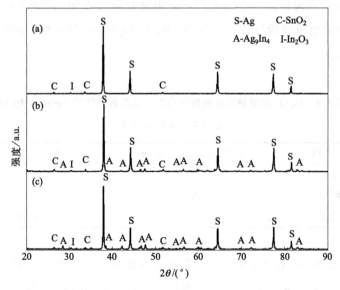

图 4.19　不同形貌 In_2O_3 强化的 Ag-SnO₂-In_2O_3 电触头材料的 XRD 图谱

（a）立方体；（b）棒状；（c）圆片状

三种 Ag-SnO$_2$-In$_2$O$_3$ 电触头材料的背散射照片如图 4.20 所示，其中 In$_2$O$_3$ 基本保持原始 In$_2$O$_3$ 形貌（微米立方体、纳米棒和纳米镂空圆片），说明 In$_2$O$_3$ 解离和固溶扩散程度较小，大部分仍保持初始 In$_2$O$_3$ 形貌。

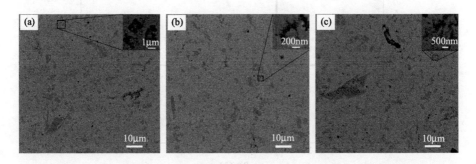

图 4.20 不同形貌 In$_2$O$_3$ 强化的 Ag-SnO$_2$-In$_2$O$_3$ 电触头材料的背散射照片

（a）立方体；（b）棒状；（c）圆片状

表 4.4 展示了 In$_2$O$_3$ 的形貌和比表面积信息，以及其强化的 Ag-SnO$_2$-In$_2$O$_3$ 电触头材料的电导率。结果表明，Ag-SnO$_2$-In$_2$O$_3$ 电触头材料的电导率随 In$_2$O$_3$ 比表面积的减小而上升，这可能是两相界面面积减小，导电电子在界面处的散射减弱所导致。三种 Ag-SnO$_2$-In$_2$O$_3$ 电触头材料的电导率均高于国标要求。

表 4.4 In$_2$O$_3$ 的形貌和比表面积信息，以及其强化的 Ag-SnO$_2$-In$_2$O$_3$ 电触头材料的电导率

In$_2$O$_3$ 形貌	In$_2$O$_3$ 比表面积/(m^2/g)	电导率/%IACS
立方体	3.20	65.2
棒状	33.51	62.4
圆片状	8.59	63.8

三种 Ag-SnO$_2$-In$_2$O$_3$ 电触头材料在 3 万次电接触操作中的材料转移与损失情况如表 4.5 所示。在本实验负载中，Ag-SnO$_2$-In$_2$O$_3$ 电触头材料阴极失重，阳极增重，表现出明显的气相电弧侵蚀特性。Ag-SnO$_2$(8)-In$_2$O$_3$(4)电触头材料的材料转移率低于管状 SnO$_2$ 强化的 Ag-SnO$_2$(12)电触头材料，说明添

加 In$_2$O$_3$ 的确可以改善 Ag-SnO$_2$ 电触头材料的材料转移问题。

表 4.5　四种 Ag-SnO$_2$ (-In$_2$O$_3$) 电触头材料在 3 万次电接

触实验中的材料转移和损失情况

材料成分	In$_2$O$_3$ 形貌	阴极失重 /($\times 10^{-2}\mu$g/次)	阳极增重 /($\times 10^{-2}\mu$g/次)	材料转移率 /%
Ag-SnO$_2$(12)	—	9.33	7.76	83.2
Ag-SnO$_2$(8)-In$_2$O$_3$(4)	微米立方体	11.67	8.33	71.4
Ag-SnO$_2$(8)-In$_2$O$_3$(4)	纳米棒	8.00	4.00	50.0
Ag-SnO$_2$(8)-In$_2$O$_3$(4)	纳米圆片	7.00	4.67	66.7

如图 4.21 所示，在 In$_2$O$_3$ 微米立方体强化的 Ag-SnO$_2$-In$_2$O$_3$ 电触头材料表面存在许多孔洞，这很可能是 In$_2$O$_3$ 升华留下的气孔。In$_2$O$_3$ 熔点高达 2183℃，而沸点只有 850℃，在电弧作用的高温下，In$_2$O$_3$ 可能发生升华，并在相变过程中带走大量的热量，这有利于降低熔池温度，减少材料转移。三种 In$_2$O$_3$ 增强的 Ag-SnO$_2$-In$_2$O$_3$ 电触头材料的材料转移率依次为：In$_2$O$_3$ 微米立方体(71.4%)＞In$_2$O$_3$ 纳米圆片（66.7%）＞In$_2$O$_3$ 纳米棒（50.0%），而

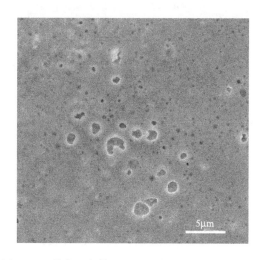

图 4.21　微米立方体 In$_2$O$_3$ 强化的 Ag-SnO$_2$-In$_2$O$_3$

电触头材料在 5000 次电接触操作后的形貌

In_2O_3 比表面积大小依次为：In_2O_3 纳米棒（$33.51m^2/g$）＞In_2O_3 纳米圆片（$8.59m^2/g$）＞In_2O_3 微米立方体（$3.20m^2/g$）。In_2O_3 的比表面积越大，其增强的 $Ag\text{-}SnO_2\text{-}In_2O_3$ 的材料转移率越小。这可能是因为比表面积越大的 In_2O_3 越容易发生升华，有利于促进熔池温度降低，从而减少材料转移。值得注意的是，纳米 In_2O_3（包括纳米棒和纳米圆片）增强的 $Ag\text{-}SnO_2\text{-}In_2O_3$ 材料均表现出较低的阴极失重，这可能是 Ag_9In_4 合金相的形成导致熔体黏度上升所导致。添加 In_2O_3 纳米棒的电触头阴极损失降低了 14％，而添加 In_2O_3 纳米圆片的电触头阴极损失降低了 25％。

第 5 章

化学沉淀法制备 Ag-Ni 电触头材料

Ag-Ni 电触头材料具有接触电阻低且稳定[184] 和材料损失少[53] 的优点，在 20A 以下直流负载中得到了广泛应用。此外，其优异的塑性变形能力[56] 和易在铜铆钉上焊接的性能[185] 也极大降低了其生产消耗。通常 Ag-Ni 电触头材料多采用机械混粉、烧结、挤压工艺生产。这种工艺具有操作简单、设备要求低、效率高和易于批量生产的优点，故而被大多数生产商所采用。但是用该工艺生产的 Ag-Ni 电触头材料存在 Ni 颗粒大、易团聚的缺陷，使该材料只能满足一般的应用。单纯依靠混粉设备的改善，并不能从本质上克服 Ni 颗粒团聚的难题[186]。采用化学沉淀工艺制备 Ag-Ni 电触头材料，不但能够很好地克服 Ni 颗粒团聚的问题，而且可以获得尺寸更加细小的 Ni 颗粒，使其均匀弥散于 Ag 基体中。这种工艺同时具有操作方法简单、设备要求低的优势，可以充分满足工业上批量生产的需求[186]。目前工业生产中的 Ag-Ni 化学沉淀方法多以碳酸盐和碱为沉淀剂，沉淀产物往往需要在空气和氢气气氛中依次煅烧才能得到金属 Ni，生产工艺烦琐[117,186]。此外，关于采用化学沉淀法制备的非颗粒状 Ni 强化的 Ag-Ni 电触头材料还未见报道。

本章以 $H_2C_2O_4$ 为沉淀剂，通过控制 pH 值和 $H_2C_2O_4$ 浓度合成出两种形貌（颗粒状和片状）的前驱体，在惰性气氛中直接煅烧分解得到 Ag-Ni 复合粉体，以此粉体烧结得到了两种形貌（颗粒状和片状）Ni 强化的 Ag-Ni 电触头材料，并对其性能进行了研究。

5.1 Ag^+ -Ni^{2+} -$C_2O_4^{2-}$ -H_2O 体系沉淀-络合热力学分析

5.1.1 沉淀-络合平衡模型的建立

在 Ag^+ -Ni^{2+} -$C_2O_4^{2-}$ -H_2O 体系中，Ag^+ 和 Ni^{2+} 可以与 $C_2O_4^{2-}$ 或 OH^- 配位体络合形成多种配位化合物，其累计生成常数如表 5.1 所列。

表 5.2 列出 $H_2C_2O_4$ 的各级解离常数。

分别用 $[Ag]_T$、$[Ni]_T$、$[C_2O_4]_T$ 和 $[OH]_T$ 表示平衡状态下 Ag、Ni、C_2O_4 和 OH 在 Ag^+ -Ni^{2+} -$C_2O_4^{2-}$ -H_2O 溶液体系中的浓度。根据质量守恒和等效平衡原则，可以推导出以下方程式：

$$[Ag]_T = [Ag^+] + [AgC_2O_4^-] + [Ag(OH)] + [Ag(OH)_2^-] + [Ag(OH)_3^{2-}]$$

$$\tag{5.1}$$

$$[Ni]_T = [Ni^{2+}] + [Ni(OH)^+] + [Ni(OH)_2] + [Ni(OH)_3^-]$$
$$+ [Ni(C_2O_4)] + [Ni(C_2O_4)_2^{2-}] + [Ni(C_2O_4)_3^{4-}]$$

$$\tag{5.2}$$

$$[C_2O_4]_T = [AgC_2O_4^-] + [Ni(C_2O_4)] + 2[Ni(C_2O_4)_2^{2-}] + 3[Ni(C_2O_4)_3^{4-}]$$
$$+ [(C_2O_4)^{2-}] + [H(C_2O_4)^-] + [H_2(C_2O_4)]$$

$$\tag{5.3}$$

$$[OH]_T = [AgOH] + 2[Ag(OH)_2^-] + 3[Ag(OH)_3^{2-}] + [Ni(OH)^+]$$
$$+ 2[Ni(OH)_2] + 3[Ni(OH)_3^-] + [OH^-]$$

$$\tag{5.4}$$

Ag^+ 和 Ni^{2+} 都可以在不同条件下，分别与 $C_2O_4^{2-}$ 或 OH^- 形成沉淀物，沉淀物的溶解积常数如表 5.3。

表 5.1　络合物的累计生成常数[187,120]

配位物	$lg\beta$	配位物	$lg\beta$
NiC_2O_4(溶液)	5.3	$Ni(OH)_3^-$	11.33
$Ni(C_2O_4)_2^{2-}$	7.64	$AgC_2O_4^-$	2.41
$Ni(C_2O_4)_3^{4-}$	8.5	$Ag(OH)$(溶液)	2.30
$Ni(OH)^+$	4.97	$Ag(OH)_2^-$	3.60
$Ni(OH)_2$	8.55	$Ag(OH)_3^{2-}$	4.80

表 5.2　$H_2C_2O_4$ 的各级解离常数[187,120]

反应方程	lg$K$
$H_2C_2O_4 \rightleftharpoons HC_2O_4^- + H^+$	-1.271
$HC_2O_4^- \rightleftharpoons C_2O_4^{2-} + H^+$	-4.272

表 5.3　NiC_2O_4 和 $Ni(OH)_2$ 沉淀生成反应及平衡常数[187,120]

反应方程	lgK_{sp}
$NiC_2O_4(s) \rightleftharpoons Ni^{2+} + C_2O_4^{2-}$	-9.40
$Ni(OH)_2(s) \rightleftharpoons Ni^{2+} + 2OH^-$	-14.70
$Ag_2C_2O_4(s) \rightleftharpoons 2Ag^+ + C_2O_4^{2-}$	-10.46
$Ag(OH)(s) \rightleftharpoons Ag^+ + OH^-$	-7.71

当 $NiC_2O_4(s)$ 存在时，溶液中 Ni^{2+} 浓度可以由 $[Ni^{2+}] = K_{sp}/[C_2O_4^{2-}]$ 计算出。当 pH 值足够高时，$NiC_2O_4(s)$ 将转变为 $Ni(OH)_2(s)$，此时 Ni^{2+} 浓度可以表示为 $[Ni^{2+}] = K_{sp}/[OH^-]^2 = K_{sp} \times 10^{28-2pH}$。综合上述讨论，$Ni^{2+}$ 浓度可以表示为：

$$[Ni^{2+}] = \{10^{-9.4}/[C_2O_4^{2-}], 10^{13.3-2pH}\}_{min} \qquad (5.5)$$

同理，可以推出：

$$[Ag^+] = \{10^{-5.23}/[C_2O_4^{2-}]^{0.5}, 10^{6.29-pH}\}_{min} \qquad (5.6)$$

根据质量守恒，配位平衡，酸碱平衡和沉淀平衡方程，利用 MATLAB 软件可计算出 Ag^+-Ni^{2+}-$C_2O_4^{2-}$-H_2O 体系溶液中各物种的存在浓度，用于指导实验合成。

5.1.2　计算结果

图 5.1 展示了不同 pH 值和 $[C_2O_4]_T$ 条件下 Ag^+-Ni^{2+}-$C_2O_4^{2-}$-H_2O 体系中 Ag 和 Ni 元素的饱和浓度。结果表明，体系中存在三个沉淀率极高区：第一个区间，pH 值在 1 附近，$H_2C_2O_4$ 浓度较高；第二个区间，pH 值在 6~8 范围内，$H_2C_2O_4$ 浓度较低；第三个区间，pH 值在 9 以上，但此区间产物主要为氢氧化物。从沉淀率最大化和保证产物纯度的角度出发，化学沉淀制备 AgC_2O_4 和 $NiC_2O_4 \cdot 2H_2O$ 的最佳合成条件在前两个区间。

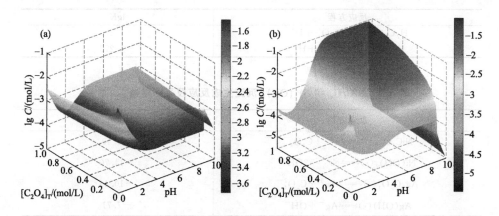

图 5.1　$Ag^+-Ni^{2+}-C_2O_4^{2-}-H_2O$ 体系中的元素浓度与 pH 值和 $[C_2O_4]_T$ 的关系

(a) $[Ag]_T$；(b) $[Ni]_T$

5.2　合成方法

5.2.1　原料

所用试剂及其生产厂家情况如表 5.4。

表 5.4　原料列表

名称	级别	生产厂家
硝酸银（$AgNO_3$）	分析纯	贵研铂业股份有限公司
六水合硝酸镍[$Ni(NO_3)_2 \cdot 6H_2O$]	分析纯	国药集团化学试剂有限公司
无水乙醇（C_2H_5OH）	分析纯	国药集团化学试剂有限公司
硝酸（HNO_3）	分析纯	国药集团化学试剂有限公司
二水合草酸（$H_2C_2O_4 \cdot 2H_2O$）	分析纯	国药集团化学试剂有限公司
氢氧化钠（NaOH）	分析纯	国药集团化学试剂有限公司

5.2.2　工艺过程

本书制备的 Ag-Ni 电触头材料中，Ag 和 Ni 的质量比均为 9∶1。首先配制沉淀剂（$H_2C_2O_4$）溶液 500mL，加热到 50℃并均匀搅拌，配制 0.1mol/L（以 $AgNO_3$ 计）的母盐溶液[$AgNO_3$ 与 $Ni(NO_3)_2$]500mL；接着将母盐溶液逐滴滴入均匀搅拌中的沉淀剂中，并用 NaOH 和 HNO_3 调节 pH 值。根据本章 5.1 节的计算结果，选用两种条件化学沉淀前驱体，如表 5.5。

表 5.5　合成前驱体的实验参数

样品号	$H_2C_2O_4$ 浓度/(mol/L)	pH 值
P1	0.50	1
P2	0.07	7

滴加结束后，陈化 30min。将沉淀产物过滤分离并用去离子水和乙醇洗涤，把前驱体沉淀物转入烘箱在 60℃烘干 24h。将获得的干燥前驱体样品置于管式炉中，通氩气 15min 以驱除氧气后，以 1℃/min 速率升温到 400℃，获得 Ag-Ni 粉体。将 Ag-Ni 粉体装入石墨模具中，热压烧结得到 Ag-Ni 电触头材料，烧结温度为 700℃，压力为 60MPa，烧结时间为 2h。通过 P1 和 P2 前驱体制备的 Ag-Ni 电触头材料分别命名为 E1 和 E2。

5.2.3　分析

5.2.3.1　耐压强度测试

耐压强度测试采用深圳美瑞克生产的 RK7100 型耐压测试仪，以纯钨针为阳极，两电极间距为 1mm，电压提升速率为 200V/s。

5.2.3.2　热分析-质谱联用

前驱体的热分解行为由德国 Netszsh 公司 STA449F3 型同步热分析仪测试，测试使用铝坩埚，升温速率 10℃/min，测试气氛为氩气。热分析仪的气体出口直接与质谱分析仪连接，用以监测加热过程中产生的其他物质，质谱分析采用德国 Netszsh 公司的 QMS403D 型质谱仪。

5.2.3.3　电子探针

采用日本 JEOL 公司 JXA-8530F 型场发射-电子探针显微分析仪对样品的形貌和元素分布进行分析，测试加速电压为 20kV。

5.3 前驱体的成分和形貌分析

图 5.2 为两种化学沉淀前驱体的形貌。其中，P1 前驱体为近似六方片形貌，边长约为 $5\mu m$，厚度约为 $0.5\mu m$，在其表面贴附有一些小的片状颗粒。能谱面扫（图 5.3）显示，六方片颗粒为含 Ag 化合物，而在其上附着的小片状颗粒为含 Ni 化合物。与之相对，P2 前驱体由不规则形貌颗粒组成，颗粒尺寸约 $1\sim3\mu m$。

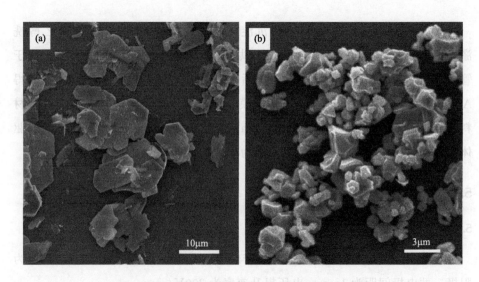

图 5.2　两个沉淀率极大区合成的前驱体的形貌

(a) P1；(b) P2

两种前驱体的红外图谱如图 5.4 所示。总的来看，两种前驱体均表现出相同的红外吸收特征，说明它们具有相同的官能团组成。在 $3400cm^{-1}$ 处的宽吸收带源自吸附水或结晶水中的 O—H 伸缩振动[140]。根据 Fujita 等的分析[142,143]，在 $1750\sim1420cm^{-1}$ 范围内的较宽吸收带可以分解为多个峰，其中包括结晶水的弯曲和 C＝O 键反对称伸缩振动。在 $1450\sim1200cm^{-1}$ 区间的多个吸收带可以解释为 $\nu_{as}(C＝C)$，$\nu_s(C—O)+\nu(C—H)$ 和 $\nu_s(C—O)+\delta(O—C＝O)$ 的混合振动[188]。在 $850\sim750cm^{-1}$ 的多个吸收带归因于 $\nu_s(C—O)+\delta$

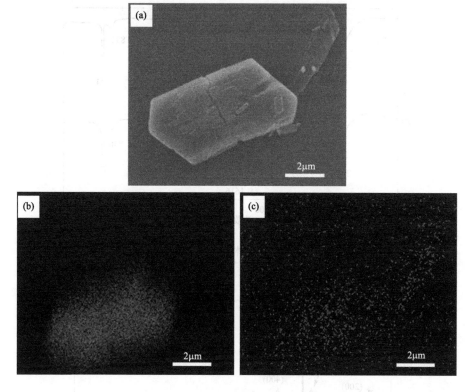

图 5.3　P1 前驱体的形貌和元素分布

（a）形貌；（b）Ag 分布；（c）Ni 分布

（O—C ══O）和 δ（O—C ══O）＋δ（Me—O）（其中，828cm^{-1} 的吸收对应 Me ══ Ni[189]；775cm^{-1} 的吸收对应 Me ══Ag[190] ）的混合振动。两种前驱体都可以用通式 Ag$_x$Ni$_y$C$_2$O$_4$ · nH$_2$O 表示。

XRD 图谱（如图 5.5 所示）说明，两种前驱体都为单斜相 Ag$_2$C$_2$O$_4$ 和 NiC$_2$O$_4$ · 2H$_2$O 的混合物。结合以上分析，P1 前驱体由六方片状的 Ag$_2$C$_2$O$_4$ 和附着在表面的 NiC$_2$O$_4$ · 2H$_2$O 细小片状颗粒组成。与标准卡片（Ag$_2$C$_2$O$_4$，JCPDS No. 22-1335）相比，P1 前驱体的 {100} 晶面族衍射强度提高，而垂直于 {100} 晶面族的其他面强度减弱。P1 和 P2 两种前驱体相对衍射峰强度的改变，可能是由于在 XRD 检测时，粉体颗粒在玻璃样品池内形成取向分布[191]。对于 P1 前驱体，其二维（片状）的颗粒形貌导致颗粒倾向

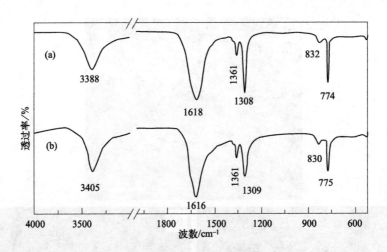

图 5.4　两种前驱体化合物的红外图谱

（a）P1；（b）P2

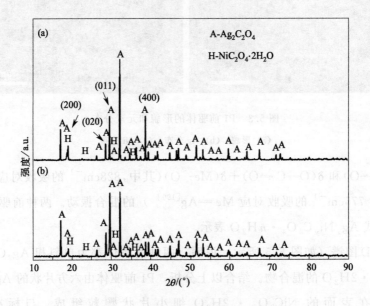

图 5.5　两种前驱体化合物的 XRD 图谱

（a）P1；（b）P2

于平行于样品池表面平躺，并表现出织构分布。因此，可以推测，六方片的表面由 $Ag_2C_2O_4$ 的 $\{100\}$ 晶面族组成。

　　为了进一步理解 P1 前驱体的形成机制，监测了不同时效时间下 P1 前驱体的形貌，如图 5.6 所示。P1 前驱体的晶体生长可能由如图 5.7 所示的生长机制控制。反应中，$Ag_2C_2O_4$ 六方片首先沉淀。$Ag_2C_2O_4$ 六方片的形成可以通过考虑吸附能（AE）的周期键链理论（PBC）解释[144,145]。$Ag_2C_2O_4$ 晶体具有一种通道型结构，其中，$C_2O_4^{2-}$ 沿 [100] 方向延长形成通道，并通过 Ag—O 键链接，在（100）面形成六方填充物[193]。对于 P1 前驱体中的 $Ag_2C_2O_4$，[100] 通道的延长生长可能因 $C_2O_4^{2-}$ 和 Ni^{2+} 的配位而受到抑制。因此，六方片 $Ag_2C_2O_4$ 的（100）面成为"平坦面"（F）。垂直于 [100] 方向的面成为"扭曲面"（K）。在平行于"扭曲面"的直角处，新形成的晶体很容易通过不间断的 Ag—O 键结合上。图 5.6（a）插图中，六方片上的台阶进一步确定了本晶体根据 PBC 理论生长。在接下来的阶段中，$NiC_2O_4 \cdot 2H_2O$ 化合物在 $Ag_2C_2O_4$ 表面沉淀。暴露在通道顶（$Ag_2C_2O_4$ 六方片的表面）的 $C_2O_4^{2-}$ 可能成了 $NiC_2O_4 \cdot 2H_2O$ 异质形核的活跃点。图 5.7 展示了 $NiC_2O_4 \cdot 2H_2O$ 化合物在 $Ag_2C_2O_4$ 六方片表面的沉淀过程。与之相反，在 P2 前驱体的形成过程中，两种化合物均快速形核沉淀，通过化学沉淀形成非均匀颗粒状的 P2 前驱体。

图 5.6　不同时效时间合成的 P1 前驱体形貌

（a）0min；（b）60min

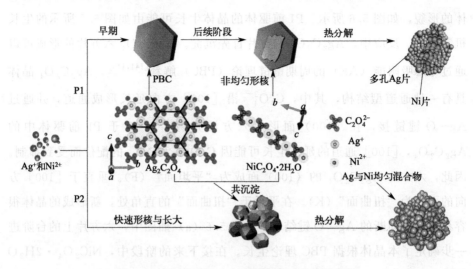

图 5.7 不同形貌 Ag-Ni 粉体的形成机制示意图

$Ag_2C_2O_4$ 和 $NiC_2O_4 \cdot 2H_2O$ 晶体结构由 VESTA 3 软件绘制[192]

5.4 前驱体的热分解行为分析

由于两种化学沉淀前驱体热分解行为相似，在此仅列出 P1 的热分解行为，如图 5.8 所示。测试气氛为氩气气氛，升温速率为 10℃/min。在升温到 500℃前，前驱体的热分解失重主要分为两步：

第一步失重在 150~250℃，失重约 65.5%，对应 DSC 曲线上 166℃的一个尖锐的放热峰，这可能要归因于 AgC_2O_4 的分解[190] 和 $NiC_2O_4 \cdot 2H_2O$ 中结晶水的失去[194]。质谱扫描表明此过程中有 CO_2 和 H_2O 产生，两种离子碎片出现的峰位恰好与 $Ag_2C_2O_4$ 热分解的放热峰和 $NiC_2O_4 \cdot 2H_2O$ 失结晶水的吸热峰分别对应。反应可以表达为：

$$Ag_2C_2O_4 \longrightarrow 2Ag + 2CO_2 \uparrow \tag{5.7}$$

$$NiC_2O_4 \cdot 2H_2O \longrightarrow NiC_2O_4 + 2H_2O \uparrow \tag{5.8}$$

第二步失重在 250~400℃，对应 327℃、348℃的两个放热峰，伴随着 2.9%的失重，主要是由 NiC_2O_4 热分解释放 CO_2 导致，由质谱分析结果可以

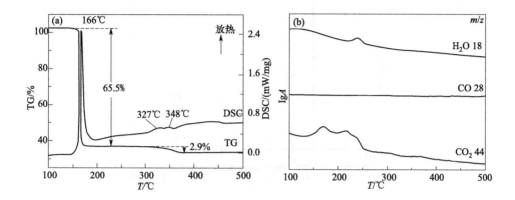

图 5.8　P1 前驱体的差热-失重-质谱曲线，测试中升温速率为 10℃/min，测试气氛为氩气

（a）差热-失重曲线；（b）热分解产物的质谱扫描曲线，包括水（H_2O，荷质比为 18），

一氧化碳（CO，荷质比为 28），二氧化碳（CO_2，荷质比为 44）

证明。在热分解过程中，没有检测到 CO 的释放。NiC_2O_4 的热分解反应式如下：

$$NiC_2O_4 \longrightarrow Ni + 2CO_2 \uparrow \tag{5.9}$$

随着温度升高，经过两步热分解，金属 Ag 和 Ni 依次从前驱体中分解产生。热分解过程中仅释放 CO_2 和 H_2O，不产生对环境有害的气体。

图 5.9 所示为两种化学沉淀前驱体在氩气气氛 400℃煅烧产物的 XRD 图谱。从 P1 和 P2 分解得到的两种粉体都是金属 Ag 和 Ni 的混合物，这也证明了以上对热分析的讨论。产物中没有检测到 NiO，金属 Ni 是直接在惰性气氛中热分解前驱体得到，无须后续再用氢气还原，与传统工艺相比缩短了工艺流程，提高了安全性。

图 5.10 和图 5.11 分别是两种前驱体煅烧产物的形貌和元素分布的场发射-电子探针照片。热处理后，P1 前驱体分解形成表面附着有 Ni 片的镂空的六方 Ag 片。片状颗粒的多孔镂空结构是由于热分解过程中释放出大量气体，前驱体发生碎裂和镂空形成。对于多面体颗粒状的 P2 前驱体，煅烧产物为颗粒状 Ag 和 Ni 的絮状团聚体。

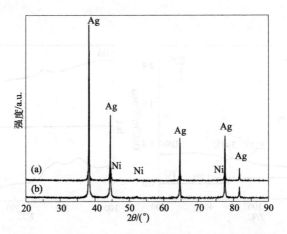

图 5.9　氩气气氛，400℃煅烧后前驱体的 XRD 图谱

(a) P1；(b) P2

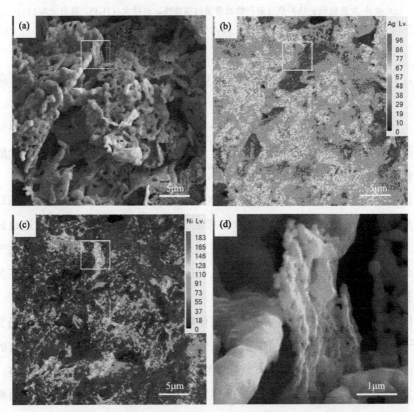

图 5.10　400℃煅烧后，P1 前驱体的形貌和元素分布

(a) 形貌；(b) Ag 分布；(c) Ni 分布；(d) 图 (a) 中框出区域的高倍形貌

图 5.11　400℃煅烧后，P2 前驱体的形貌和元素分布

（a）形貌；（b）高倍形貌

5.5　Ag-Ni 电触头材料显微组织与性能

以 P1 和 P2 前驱体煅烧所得粉体为原材料，通过热压烧结制备了 Ag-Ni 电触头材料，以下将两个电触头材料分别命名为 E1 和 E2。图 5.12 展示两种 Ag-Ni 电触头材料的背散射照片，由于 Ag 和 Ni 两种元素的原子序数差，其中明亮的相为 Ag，而较暗的相对应 Ni。两种电触头材料中的 Ni 颗粒都均匀弥散在 Ag 基体中，但 Ni 形貌有所不同：E1 电触头中 Ni 呈片状，E2 电触头中 Ni 呈颗粒状，颗粒尺寸约 $0.4\sim1.0\mu m$。热压烧结成的电触头材料中，Ni 延续了原始 Ag-Ni 粉体中 Ni 的形貌。

从应用的角度看，作为一种电触头材料接触面的性质，硬度对电触头工作中耐磨损和断裂的性能有重要影响。表 5.6 中列出两种 Ag-Ni 电触头材料的硬度。两种电触头的硬度均高于国标（GB/T 5588—2017，硬度≥78HV）。与 E1 电触头相比，颗粒 Ni 强化的 E2 电触头材料的硬度高出 12.5%。对于片状 Ni 强化的 E1 电触头，硬度的略微下降可能来自两方面原因：一方面，片状颗粒尺寸较大，该电触头中增强相间的自由区间较大，有利于位错的滑移；另一

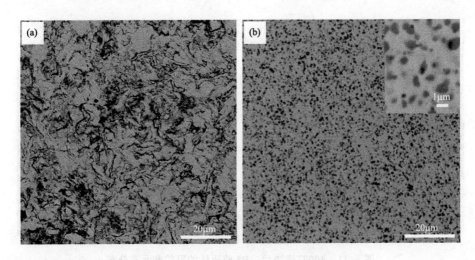

图 5.12　两种 Ag-Ni 电触头材料的背散射照片
(a) E1；(b) E2

方面，由于片状颗粒独特的形貌，在平行于片平面的方向上，增强相对位错滑移的阻碍较小。

表 5.6　两种 Ag-Ni 电触头材料的硬度

电触头	硬度/HV
E1	104
E2	117

从开关器件的可靠性角度考虑，电触头材料的耐压强度极其重要，其同时对电触头实际应用的高压和小型化有重要影响。耐压强度测试可以用于表征电触头材料的表面电子发射能力。通常来说，耐压强度较高的电触头较难产生电弧。图 5.13 和图 5.14 展示了两种 Ag-Ni 电触头材料的耐压强度。两种 Ag-Ni 电触头材料的介电行为都很稳定，耐压强度的分布可以通过高斯分布统计为：

$$F(S) = y_0 + A \exp \frac{(S - S_c)^2}{-2\sigma^2} \tag{5.10}$$

式中，$F(S)$ 是耐压强度 S 的频率；y_0，A 是常数；S_c 是平均耐电压常

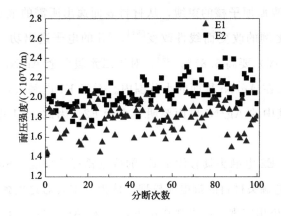

图 5.13　两种 Ag-Ni 电触头材料的耐压强度与分断次数的关系

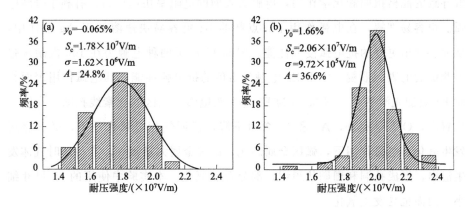

图 5.14　两种 Ag-Ni 电触头材料在 100 次耐压测试中的耐压强度分布

(a) E1；(b) E2

数；σ 是均方差。均方差越大，耐电压常数分布的宽度越大。拟合结果是：对于 E1 电触头，$A = 24.8\%$，$y_0 = -0.065\%$，$S_c = 1.78 \times 10^7 \mathrm{V/m}$，$\sigma = 1.62 \times 10^6 \mathrm{V/m}$；对于 E2 电触头，$y_0 = 1.66\%$，$S_c = 2.06 \times 10^7 \mathrm{V/m}$，$A = 36.6\%$，$\sigma = 9.72 \times 10^5 \mathrm{V/m}$。E2 电触头的平均耐压强度相对 E1 要高出 15.7%，并且分布也相对要小。两项数据都说明 E2 电触头具有优于 E1 的抗电弧性能。其中原因可以分为两个部分。

一方面，E2 电触头表面电弧相对 E1 难以生成。在二元合金中，总电子电荷将在合金复合处发生再分布，导致费米能级改变[195]。合金的电子逸出功

（也就是使电子克服原子核的束缚，从材料表面逸出所需的最小能量）也因此随着复合原子比例的改变而线性改变[54]。Ni 的电子逸出功（4.51eV）相对 Ag 基体（4.26eV）要高 5.87%[196]。对于二元假合金 Ag-Ni，这种电子行为的改变仅仅局限在 Ag/Ni 界面的小范围内。对于 E1 电触头，增强相 Ni 团聚成片状，导致其中的 Ag/Ni 界面要明显小于 E2。因此，E1 电触头表现出较低的耐压强度。

另一方面，E2 电触头具有优于 E1 的抗电弧侵蚀性能。Swingler[53] 详细讨论了 Ag-Ni 电触头材料的抗电弧机理，认为其主要通过电弧作用区内 Ni 在 Ag 中的溶解和析出实现。在电弧作用下，Ni 在 Ag 中发生有限溶解。由于熔体的性质改变，电弧发生快速移动，熔融金属的喷溅受到限制。此外，由于溶解导致的晶格扭曲和化学作用，电触头表面的电阻率快速提高，有利于分断电弧。很容易理解，在电弧作用下，点状的 Ni 更容易快速溶解于 Ag 基体中，从而表现出更好的抗电弧侵蚀性能。图 5.15 展示两种电触头在 100 次耐压强度测试后的表面形貌。由于 E2 电触头出色的抗电弧性能，其电弧作用表面相对 E1 更加光滑平整。图 5.16 为 E1 电触头电弧侵蚀区的元素线扫图，在蚀坑位置内，O 含量提升，Ag 和 Ni 含量下降，说明气相电弧作用下，弧区金属发生氧化。电弧作用下，弧区金属熔化，熔融金属大量吸气，在冷却时气体发生溢出，形成孔洞和珊瑚状组织，部分金属氧化。本实验中使用的 Ni 尺寸细小，因而也易发生氧化。

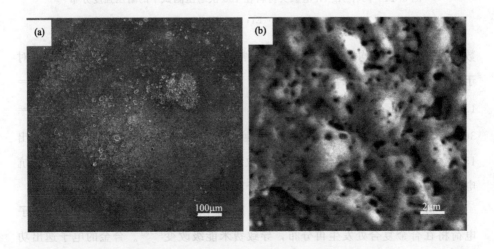

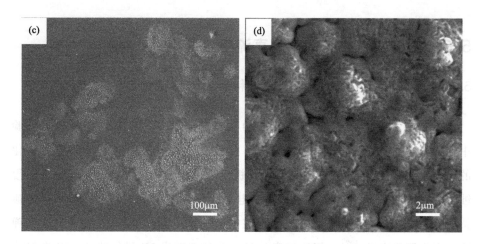

图 5.15　两种 Ag-Ni 电触头材料在 100 次分断实验后的形貌

(a) E1；(b) E1 蚀坑的高倍形貌；(c) E2；(d) E2 蚀坑的高倍形貌

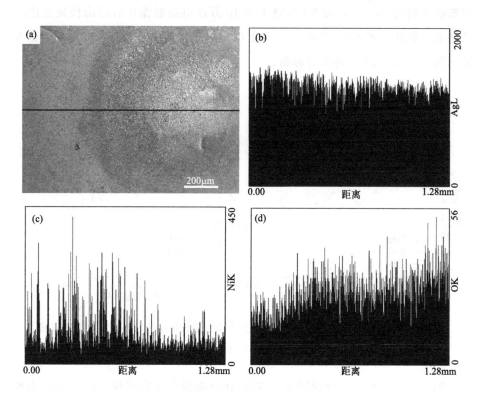

图 5.16　E1 电触头在 100 次分断实验后的形貌和元素分布

(a) 形貌；(b) Ag 分布；(c) Ni 分布；(d) O 分布

5.6 Ag-Ni 电触头材料的直流电弧特性

5.6.1 Ni 形貌对 Ag-Ni 电触头材料直流电弧侵蚀特性的影响

图 5.17 是两种不同形貌 Ni 强化的 Ag-Ni 电触头材料在 10 万次开合实验中的材料转移与损失情况。总体来看，在 10 万次电接触操作中，片状 Ni 强化的 E1 电触头材料表现出阳极增重、阴极失重的现象，呈现典型的气相电弧侵蚀特征。而亚微米 Ni 颗粒强化的 E1 电触头材料表现出气相电弧和阳极电弧特征交替出现的现象，这可能是因为该电触头弹性较大，电触头闭合时发生弹跳，产生阳极电弧[197]。值得注意的是，两种亚微米 Ni 强化的 Ag-Ni 电触头材料都表现出较小的材料转移，其中 E1 电触头在 10 万次电接触操作后的材料转移率约为 28.3%，而 E2 电触头在 10 万次电接触操作后的阳极甚至出现负增重，累计增重为 -0.5mg，这为解决 Ag-Ni 电触头普遍存在的阳极增重大的问题[53]，提供了一种新的思路。

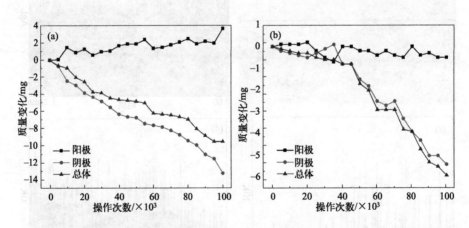

图 5.17 两种 Ag-Ni 电触头材料在 10 万次电接触操作中的材料转移与损失情况

(a) E1；(b) E2

图 5.18 和图 5.19 分别展示了 5000 次电接触操作后两种 Ag-Ni 电触头材料的阴极和阳极的表面形貌。与材料转移和损失相对应，Ag-Ni 电触头材料出现阴极蚀坑（图 5.18）和阳极凸起（图 5.19）。与 4.3.1.3 的 Ag-SnO$_2$ 相比，

本章制备的 Ag-Ni 电触头材料阳极具有表面凸起小且低、阴极蚀坑窄且浅的特点，表现出更好的抗电弧侵蚀性能。这或许与两种电触头材料的抗电弧机制有关。下面以颗粒状 Ni 强化的 Ag-Ni 电触头材料为例，分析其电弧作用后的腐蚀组织及其形成机制，以研究 Ag-Ni 电触头材料的抗电弧机制。

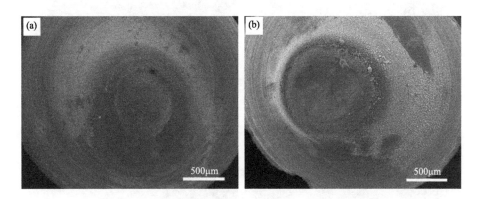

图 5.18　两种 Ag-Ni 电触头阴极材料在 5000 次电接触操作后的表面形貌

(a) E1；(b1) E2

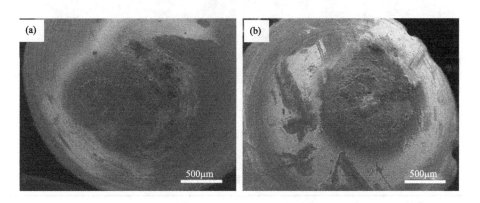

图 5.19　两种 Ag-Ni 电触头阳极材料在 5000 次电接触操作后的表面形貌

(a) E1；(b) E2

5.6.2　Ag-Ni 电触头材料的阴极电弧侵蚀表面形貌特征及其形成机理

图 5.20 为化学沉淀法制备的颗粒状 Ni 强化 Ag-Ni 电触头材料（E2）在

5000 次电接触操作后的阴极显微组织。电弧侵蚀后，阴极表面由弧斑中心向外辐射，形成不同形貌组成的 3 种带状区域，对应的元素组成如表 5.7 所示。

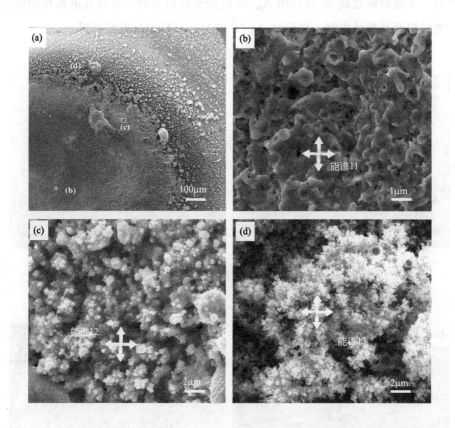

图 5.20　E2 电触头阴极在 5000 次电接触操作后的显微组织形貌

表 5.7　图 5.20 中各区域能谱分析结果（原子分数）　　　单位：%

区域	Ag	Ni	O
能谱 11	69.58	12.41	18.01
能谱 12	14.50	19.07	66.43
能谱 13	27.42	13.63	58.95

如图 5.20(a) 中的（b）位置所示，在阴极弧斑中心，形成火山口状蚀坑。蚀坑中心，形成熔浆喷溅状的组织，说明该区域在燃弧时剧烈沸腾，气体

溢出速度超过气泡生长速度，剧烈溢出，形成液滴喷溅。燃弧结束后，快速冷凝形成熔浆喷溅状组织。该区域内，Ag 和 Ni 的摩尔比（5.61）略高于原始材料（4.90）。气相电弧作用下，Ni 发生氧化，形成 NiO，由于气相电弧的"自清洁"作用[198]，电弧优先在 NiO 上作用，使其气化离开阴极电触头表面，造成阴极表面的 Ni 含量降低。NiO 气化离开时吸收大量的热量，这有利于降低触头温升，同时也有利于降低阳极增重，降低阳极凸起的高度。对于高灵敏继电器的触头，阳极凸起过高会造成"卡住"，因而控制阳极凸起高度对提高继电器可靠性非常重要[177]。

如图 5.20(c) 所示，在阴极蚀坑边缘，由洒落的小颗粒组成环状隆起。能谱显示，该区域 Ag 和 Ni 的摩尔比仅为 0.76，而 Ni 含量高达 66.43%（原子分数）。气相电弧形成时，阳离子高速冲击阴极弧斑，电弧力作用于熔池，溶液凹陷，也使浮在表面的 NiO 向蚀坑边缘移动堆积，形成环状隆起。环状隆起的形成可阻碍熔液的侧向移动，减少液滴喷溅。

如图 5.20(d) 所示，在蚀坑外部，洒落着细小的絮状组织，该区域内 O 含量偏高，很可能是由熔体的吸气现象导致。絮状形貌的形成可以用扩散限制凝聚模型解释[182]。这种絮状物与电触头结合弱，导电性差，在实际应用中，应注意去除。

5.6.3　Ag-Ni 电触头材料的阳极电弧侵蚀表面形貌特征及其形成机理

图 5.21 为化学沉淀法制备颗粒 Ni 强化 Ag-Ni 电触头材料（E2）在 5000 次电接触操作后的阳极显微组织。电弧侵蚀后，阳极表面由弧斑中心向外成辐射，形成不同形貌组成的 3 种带状区域，对应的元素组成如表 5.8 所示。

在电弧作用区内，O 含量都极高，在图 5.21(b)、(d)、(e) 所示区域，O 和 Ni 的摩尔比均高出 NiO 中化学计量比（1∶1），说明 O 含量的提高不仅仅是 NiO 的形成，也包括 Ag_2O 的形成。阳极表面电弧侵蚀区内 Ag 和 Ni 摩尔比偏低，可能是由于熔区内较轻的 Ni 上浮到表面造成。在电弧作用时，阴极的 Ni 溶入 Ag 熔体中，一起喷溅到阳极。燃弧熄灭后，熔体冷却，Ni 重新析出，由于 Ni 密度较低，因而上浮到表面形成富 Ni 区。

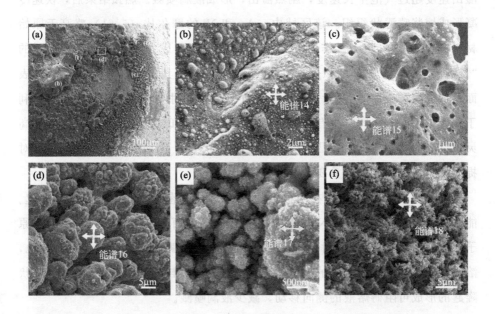

图 5.21　E2 电触头阳极在 5000 次电接触操作后的显微组织形貌

如图 5.21(a) 中的（b）位置，阳极弧斑中心形成隆起，其上分布着许多"汗滴"状组织，能谱显示该区域内 O 含量较高。在气相电弧作用下，材料转移主要以液滴喷溅形式发生。阴极材料在电弧作用下发生熔化，并受电弧力作用喷溅到阳极表面，冷却后形成"汗滴"状组织，在后续多次电弧作用后再熔化，凸起减小，逐渐平坦。电弧作用下，亚微米的细小 Ni 很容易溶入 Ag 熔体，极大提高熔体黏度，液滴表面张力较大，因而可形成"汗滴"状组织，而非很快平铺开来。在"汗滴"状组织存在的区域，电弧弧柱将发生劈裂，能量分散，从而降低温升，有利于降低电弧对电触头表面的侵蚀[199]。

表 5.8　图 5.21 中各区域能谱分析结果（原子分数）　　　单位：%

区域	Ag	Ni	O
能谱 14	34.06	15.06	50.88
能谱 15	3.08	53.95	42.97
能谱 16	31.08	21.48	47.44
能谱 17	35.10	19.49	45.41
能谱 18	58.76	10.66	30.57

如图 5.21(c) 所示，在隆起组织外侧，存在一个多孔的富 Ni 区[图 5.18(b)]。多孔富 Ni 区的形成虽有利于降低电触头熔焊力，但也使电触头的接触电阻降低。富 Ni 区的形成说明在电弧作用过程中发生了成分偏析。由于此区域偏离弧斑中心，电弧作用时的温度相对隆起中心[图 5.21(a)]要低，并未形成 Ag-Ni 合金溶体。Wu 等[56] 发现，当弧区温度处于 961～1453℃ 时，Ag 熔化，Ni 保持固态，熔池由液态 Ag 和悬浮的 Ni 颗粒组成，由于 Ni 密度（8.9g/cm³）小于 Ag 密度（10.5g/cm³），因而会漂浮到表面形成富 Ni 区。

如图 5.21(d)～(f) 所示，在弧区边缘由内向外依次存在柱状、团聚颗粒状和絮状的组织。与 4.3.2 所述的珊瑚状和菜花状组织相似，形成机制也可能相同。在燃弧结束后，熔体温度快速下降，形成过冷，依附未熔化的基体生长，形成负的温度梯度。当固液相界面生长形成凸出，伸到过冷度更大的前端液面中的凸起部分加速生长。析出固体以树枝生长方式进行，形成柱状、团聚颗粒状和絮状形貌的显微组织。

第 6 章

包覆-烧结-大塑性变形法制备
纤维强化 Ag-Ni 电触头材料

纤维强化是一种提高 Ag-Ni 电触头材料性能的良好办法。近年来，大塑性变形制备纤维强化复合材料已有很多成功案例[200-203]，采用该方法制备的 Ni 纤维强化的 Ag-Ni 电触头表现出优异的抗电弧性能[55,122,123,204]。研究发现[123]，大塑性变形中 Ni 变形成纤维主要是在 Ag 的协同下发生的。大塑性变形中，Ni 除了形成纤维，也会在真应变较大时发生热蚀、回复和球化，使电触头中出现许多近球形的 Ni 增强相，弱化了纤维增强的作用。若能加强 Ag 和 Ni 的结合，使大塑性变形时 Ag 更多向 Ni 进行载荷传递，将有效促进 Ag 和 Ni 的协同变形，在较低的真应变下得到较长的纤维，同时避免 Ni 的球化。

本章提出一种包覆-烧结-大塑性变形的方法，采用粉末冶金法在 Ag 颗粒上包覆 Ni 层，以此复合粉体烧结制备得到 Ni 呈三维网状的 Ag-Ni 烧结坯，通过经大塑性变形获得较长 Ni 纤维强化的 Ag-Ni 电触头材料，研究了 Ag 颗粒退火条件和真应变量对纤维组织和性能的影响，分析了 Ni 纤维强化 Ag-Ni 电触头材料的抗电弧机制。

6.1 合成方法

6.1.1 原料

所用试剂及其生产厂家情况如表 6.1。

表 6.1　原料列表

名称	级别	生产厂家
银粉(Ag)	4N	贵研铂业股份有限公司
羰基镍粉(Ni)	4N	吉恩镍业
无水乙醇(C_2H_5OH)	分析纯	国药集团化学试剂有限公司
乙二醇[$(CH_2OH)_2$]	分析纯	国药集团化学试剂有限公司

6.1.2　工艺过程

操作流程如图 6.1 所示，包括：采用上海祥顺制药机械有限公司生产的 YK-60 型摇摆式造粒机对 Ag 粉进行造粒，得到 20～30 目（550～830μm）的 Ag 颗粒，并对 Ag 颗粒进行退火（退火条件如表 6.2 所示），退火时间为 1h；之后按质量比 9∶1 分别称取 Ag 颗粒和 Ni 粉；在 Ag 颗粒表面均匀喷洒 0.5%（质量分数）的乙二醇，然后加入 Ni 粉，球磨混合，使 Ni 粉均匀包裹在 Ag 颗粒表面，得到 Ni 包覆 Ag 颗粒的核-壳结构 Ag-Ni 复合粉体；将所得 Ag-Ni 复合粉体注入模具，进行热压烧结成型，烧结温度为 700℃，压力为

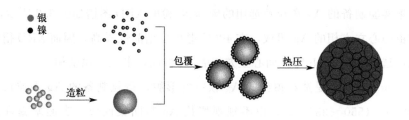

图 6.1　包覆法制备 Ag-Ni 电触头材料工艺流程图

表 6.2　包覆-烧结 Ag-Ni 电触头材料的实验具体参数

样品编号	Ag 颗粒尺寸/目❶	混合方式	Ag 颗粒热处理温度/℃	烧结坯中 Ni 分布方式
1#	20～30	包覆	未热处理	断续网状
2#	20～30	包覆	400	连续网状

---

❶　目数即 1 英寸长度上筛孔的数目。

60MPa，时间为 2h，得到 Ni 呈网状分布的 Ag-Ni 电触头材料烧结坯。将烧结坯加热到 800℃后进行热挤压，挤压比为 31∶1，油压机压力值为 4.5MPa，得到棒材后再进行冷拉拔，每道次直径减小 200μm，最终得到直径为 1.34mm 的 Ag-Ni 电触头丝材，再用铆钉机打成铆钉。

6.1.3 分析

6.1.3.1 电导率测试

Ag-Ni 电触头丝材的电阻率测试采用 Keithley 2010 型数字万用表。根据国标 GB/T 1424—1996，测试丝材长度为 440mm，直径为 1.342mm，根据欧姆定律换算成电阻率，再转换为电导率。

6.1.3.2 其他分析手段

其他分析方法见 5.2.3。

6.2 Ag-Ni 粉体

本实验制备的 Ag 颗粒及选用的羰基 Ni 粉的 XRD 图谱如图 6.2 所示，Ag 颗粒由面心立方相的 Ag 组成，在 400℃退火后结晶性提高，因而 XRD 衍射峰锐化，选用的羰基 Ni 粉由面心立方相的 Ni 组成，未见其他杂相。

图 6.3 展示的是造粒得到的 Ag 颗粒的形貌，造粒制备的 Ag 颗粒尺寸为 20~30 目（550~830μm），由不规则絮状 Ag 粉团聚而成，表面暴露许多孔洞。400℃热处理后，表面孔洞缩小，颗粒密实化。Ag 颗粒表面粗糙，有利于 Ni 粉在其上的物理吸附和嵌入。本实验以乙二醇作为黏结剂，在乙二醇分子中，由于 O 较 C 的电负性较强，而与—OH 相连的 C 原子上电子密度较低，乙二醇分子呈现极性，因此乙二醇既具有很高的内聚强度，又有很强的粘接力，对提高 Ag 粉和 Ni 粉黏结强度极为有利[205]。根据机械吸附理论，在固化前，黏结剂乙二醇具有一定的流动性，在混粉过程中，乙二醇能渗入 Ag 粉颗粒的表面凹穴和孔隙中，改善 Ag 颗粒表面的润湿性，利于细小 Ni 粉的附着。当包覆 Ag 后的 Ag-Ni 复合粉体被烘干后，乙二醇分子就"镶嵌"在 Ag

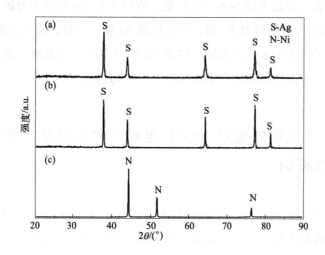

图 6.2　Ag 颗粒和羰基 Ni 粉的 XRD 图谱

(a) 未热处理的 Ag 颗粒；(b) 400℃热处理的 Ag 颗粒；(c) 羰基 Ni 粉

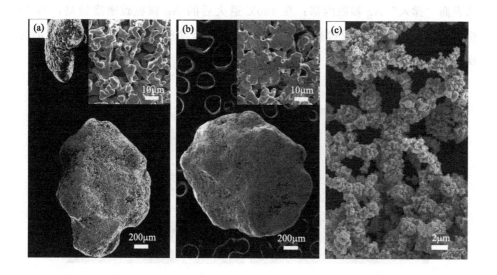

图 6.3　Ag 颗粒和羰基 Ni 粉的形貌

(a) 未热处理的 Ag 颗粒；(b) 400℃热处理后的 Ag 颗粒；(c) 羰基 Ni 粉

颗粒及 Ni 粉表面的凹穴之中，犹如无数微小的"销钉"，将 Ag 颗粒和 Ni 粉紧密粘接。图 6.3（c）为实验所用羰基 Ni 粉表面的形貌照片，Ni 粉平均粒度为 1.5μm，表面暴露出许多不规则凸起，有利于在 Ag 颗粒表面的物理"镶嵌和勾连"。本实验采用羰基 Ni 粉，经还原的 Ni 粉，不仅去除了表面的氧化物，同时还降低了粉末中水分的含量。羰基 Ni 粉遍布凸起的表面，使其能与大颗粒牢固联结，在烧结前的粉末中形成稳定而均匀的混合。

6.3 Ag 颗粒热处理对 Ag-Ni 电触头材料烧结坯显微组织和性能影响

图 6.4 为 Ag-Ni 复合粉体的扫描电镜照片。由于两种 Ag 颗粒在包覆 Ni 粉后表面形貌基本相同，在此仅展示以未热处理的 Ag 颗粒制备的 Ag-Ni 复合粉体的扫描电镜照片。Ni 均匀包裹在 Ag 颗粒表面，形成核-壳结构的复合粉体，仅有少数区域暴露出纯 Ag。图 6.5 为 Ag-Ni 复合粉体截面的背散射照片，未退火的 Ag 颗粒致密度较低，较疏松，与 Ni 粉球磨混合时，部分 Ni 粉从表面"揉入"Ag 颗粒内部；在 400℃退火后的 Ag 颗粒致密度较高，与 Ni 粉球磨混合时，Ni 粉仅包裹在 Ag 颗粒表面，未发现"揉入"Ag 颗粒内部的现象。

图 6.4 Ag-Ni 复合粉体的形貌

(a) 二次电子相；(b) 背散射相

图 6.6 为两种 Ag-Ni 复合粉体热压烧结得到 Ag-Ni 烧结坯的显微组织照片。以未热处理的 Ag 颗粒为原料制备的 1♯烧结坯中，Ni 形成断续的空间三

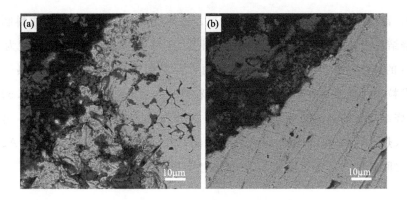

图 6.5　Ag-Ni 复合粉体的截面背散射照片

（a）Ag 颗粒未退火；（b）Ag 颗粒在 400℃退火 2h

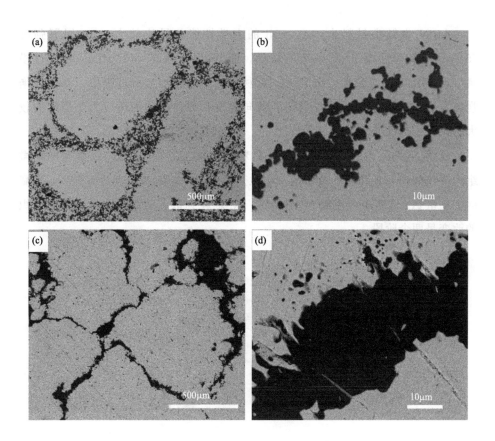

图 6.6　两种 Ag-Ni 烧结坯的背散射照片

（a）1♯烧结坯；（b）1♯的富 Ni 区放大照片；（c）2♯烧结坯；（d）2♯的富 Ni 区放大照片

125

维网，富 Ni 区内，Ni 颗粒呈点状分散；以热处理后的 Ag 颗粒为原料制备的 2#烧结坯中，Ni 形成连续的空间三维网，富 Ni 区内，Ni 烧结成厚度为 10～20μm 的连续组织。这种差别可能由两方面原因造成：一方面，未热处理的 Ag 颗粒相对疏松，球磨过程中，Ni 颗粒钉扎入 Ag 颗粒内部（如图 6.5），在热压烧结制备的 Ag-Ni 电触头材料中，Ni 形成断续的空间三维网络；另一方面，未热处理的 Ag 颗粒中存在大量缺陷，在烧结过程中，缺陷驱动 Ag、Ni 两相之间扩散，这也可能使 Ni 在烧结坯中形成断续的空间三维网络。

6.4 大塑性变形对 Ag-Ni 电触头材料显微组织与性能影响

Ag-Ni 电触头材料中，Ag、Ni 的力学性能差异比较大，Ag 屈服强度（54MPa）和弹性模量（83GPa）较低，而 Ni 屈服强度（185MPa）和弹性模量（180GPa）明显较高。在对 Ag-Ni 材料烧结坯施加应力过程中，基体向增强体发生载荷传递，Ni 颗粒受到沿轴向的拉应力和径向的压应力，当应力较大时，发生塑性变形。

断续 Ni 网强化的 Ag-Ni 电触头材料塑性加工过程中的横/纵截面的显微组织变化如图 6.7 和图 6.8 所示。塑性变形过程中，随着真应变的提高，横截面上，富 Ag 区缩小，伴随 Ni 网收缩，Ni 颗粒弥散。从纵截面看，显微组织的改变呈两个阶段：

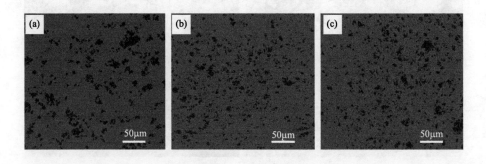

图 6.7　不同真应变下，1#线材的横截面背散射照片

(a) $\eta=3.4$；(b) $\eta=5.3$；(c) $\eta=6.0$

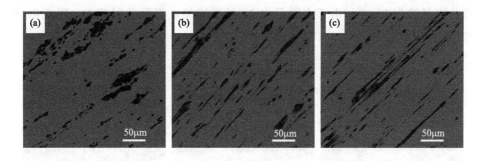

图 6.8　不同真应变下，1♯线材的纵截面背散射照片

(a) $\eta=3.4$；(b) $\eta=5.3$；(c) $\eta=6.0$

第一阶段（真应变 $\eta<3.4$），此时真应变较低，由于两相的屈服强度差，Ag 发生塑性变形，而 Ni 仅发生弹性变形。在拉拔时，Ag 晶粒沿加工方向拉长变形。为消除两相之间应变差，Ni 颗粒沿 Ag 晶界发生移动，但不发生塑性变形，因而在线材中，Ni 网拉长成椭圆形，而其中 Ni 颗粒基本不变形，保持颗粒状，同时随 Ag 基体流动，沿一维方向富集。

第二阶段，真应变提高后，Ni 晶粒内塞积足够数量的位错，产生足够的应力集中，相邻晶粒滑移系中的位错源被激活开动，Ag 和 Ni 都发生塑性变形，Ni 颗粒沿拉拔方向拉长成为纤维。因而，当真应变提升到 $\eta=5.3\sim6.0$ 时，Ni 颗粒沿加工方向轴向拉长，形成纤维，并随真应变提高而增长。真应变达到 6.0 时，纤维长度约为 $50\sim100\mu m$，直径约为 $5\mu m$，每个纤维由第一阶段分散的 Ni 颗粒拉长变形而来，因而尺寸较小。由于 Ni 纤维平行于电流方向，在平行于线材方向，让出导电通道，对电子散射较小，因而纤维强化的 Ag-Ni 电触头材料具有较高的电导率（约 86.2%IACS），比美国 ASTM 标准（ASTM B693：91，电导率≥75.0%IACS）高出 15%。

连续 Ni 强化的 Ag-Ni 电触头材料在塑性加工过程中的横/纵截面的显微组织变化如图 6.9 和图 6.10 所示。热压烧结制备的烧结坯中，Ni 形成空间三维连续网，载荷传递效应加剧，在施加应力时，两相发生协同变形，Ag 晶粒拉长，Ni 网随之拉长。当累积应变较大时，Ni 网的连续结构消失，网状 Ni 相撕裂，柱化，纤维化形成带状纤维。随着真应变的增加，Ni 相沿线材轴向拉长，径向收缩或撕裂，在真应变 $\eta=6.0$ 时形成长度为 $0.2\sim1.0\text{mm}$ 的纤维，直径约为 $15\mu\text{m}$，由于本样品中 Ni 纤维连续，界面散射较小，因而电导率较高（约 $91.5\%\text{IACS}$），比 ASTM 标准高出 22%。

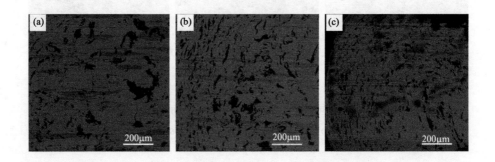

图 6.9　不同真应变下，2#线材的横截面

(a) $\eta=3.4$；(b) $\eta=5.3$；(c) $\eta=6.0$

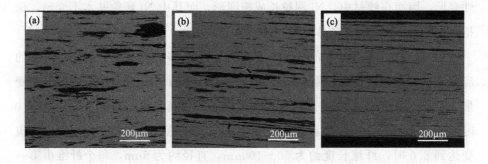

图 6.10　不同真应变下，2#线材的纵截面

(a) $\eta=3.4$；(b) $\eta=5.3$；(c) $\eta=6.0$

　　将两种线材进行冷冲，制备成 Ag-Ni 电触头材料铆钉，形成 Ni 纤维平行于电触头表面的铆钉触点，如图 6.11 所示。在铆钉成型过程中，Ag-Ni 电触头材料再次发生塑性变形，经过拉伸、压缩和偏转变形[123]，Ni 纤维平行于电触头表面排列。其中 1#铆钉中纤维较短（约 $60\mu\text{m}$），而 2#铆钉中纤维较长（约 $270\mu\text{m}$）。

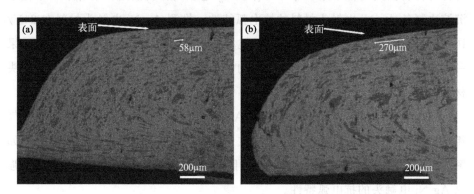

图 6.11　Ag-Ni 电触头铆钉的纵截面金相照片

(a) 1# 铆钉；(b) 2# 铆钉

6.5　纤维强化 Ag-Ni 电触头材料的直流抗电弧特性

图 6.12 是两种纤维强化 Ag-Ni 电触头材料在 10 万次开合实验中的材料转移与损失情况。总体来看，两种电触头材料都表现出阳极增重、阴极失重的现象，与之对应，电触头阴极形成蚀坑（如图 6.13），阳极形成凸起（如图 6.14），呈现典型的气相电弧侵蚀特征。10 万次电接触操作后，两种 Ag-Ni

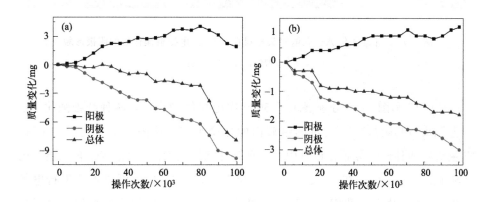

图 6.12　纤维强化 Ag-Ni 电触头材料在 10 万次电接触操作中的材料转移与损失情况

(a) 1# 铆钉；(b) 2# 铆钉

铆钉的材料损失均低于第 4 章中 Ag-SnO$_2$ 电触头材料损失，结合第 5 章化学沉淀法制备 Ag-Ni 电触头材料的抗电弧特性，推测 Ag-Ni 电触头材料在 24V/10A 直流阻性负载中普遍具有较高的抗材料损失性能，与 Swingler[53] 的结果一致。其中，2#铆钉的总材料损失约为 1.8mg，明显低于本书其他电触头材料。

在本实验负载下，两种纤维强化 Ag-Ni 电触头材料均表现出明显的受气相电弧侵蚀的特征，阴极失重形成蚀坑（如图 6.13），阳极增重形成突起（如图 6.14），以下对两种 Ag-Ni 电触头的阴极显微组织进行对比，以了解纤维强化 Ag-Ni 电触头的抗电弧特性。

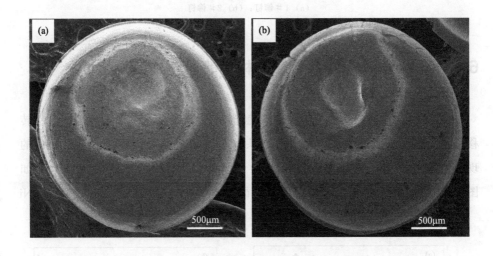

图 6.13　纤维强化 Ag-Ni 电触头材料在 5000 次电接触操作后的阴极形貌

(a) 1#铆钉；(b) 2#铆钉

图 6.15 和图 6.16 分别展示了 5000 次电接触操作后，两种纤维强化 Ag-Ni 电触头材料阴极中央蚀坑的纵截面的显微组织。从图 6.15 和图 6.16 看，Ni 主要以两种形式分布在铆钉中：一种是在蚀坑表面的 "Ag$_x$Ni$_y$ 合金层" 内均匀弥散；另一种是在 "Ag$_x$Ni$_y$ 合金层" 下，依旧以 Ni 纤维形式平行电触头表面排列。由此，我们可以推测出纤维强化 Ag-Ni 电触头材料的抗电弧机制，如图 6.17 所示。在纤维 Ni 强化的电触头材料中，Ni 通过两种方式作用于 Ag 基体。

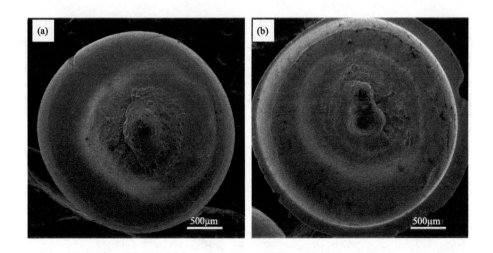

图 6.14　纤维强化 Ag-Ni 电触头材料在 5000 次电接触操作后的阳极形貌

(a) 1＃铆钉；(b) 2＃铆钉

　　一种方式是通过 Ni 溶入 Ag 熔池，来改善熔体黏度，这也是颗粒或较短纤维 Ni 的主要强化方式[53]。如图 1.3 所示的 Ag-Ni 相图，液态 Ag 和 Ni 在高温下可形成合金，合金相的形成极大改变了熔体的流体和电性质，使其黏度和电阻率都有所提高，起到稳定熔池和切断电弧的作用，图 6.15 和图 6.16 中均观察到熔池表层存在 Ag 和 Ni 均匀混合，证明了这种机制的存在。通过机制可在一定程度上提高 Ag-Ni 电触头的抗电弧侵蚀，但从合金熔体中析出的 Ni 颗粒往往尺寸较细，容易氧化形成 NiO。由于 NiO 与 Ag 润湿性不好[206]，所以将很快离开电触头表面，失去强化作用，造成电接触寿命减短。

　　另一种方式是通过 Ni 纤维的钉扎作用来稳定 Ag 熔池，这是纤维强化 Ag-Ni 电触头材料性能提高的主要原因。Ni 相的熔点较高（1453℃），在 Ag 熔池内可以保持固态，通过两相之间的毛细吸附等来稳定 Ag 熔池，作用方式类似于 Ag-MeO。由于 Ni 密度（8.9g/cm^3）相对 Ag（10.49g/cm^3）要低，所以熔池内的 Ni 将受到指向熔池上方的浮力。对于颗粒状 Ni 强化的 Ag-Ni 电触头材料，Ni 与基体结合较差，将上浮到电触头表面，失去对熔池的稳定作用[56]。但对于本书制备的纤维强化 Ag-Ni 电触头材料，在熔池与基体界面

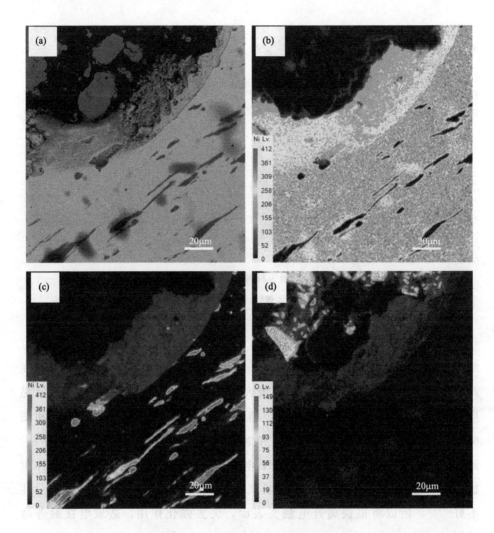

图 6.15　5000 次电接触操作后，1♯铆钉阴极中央蚀坑区纵截面的形貌和元素分布

(a) 形貌；(b) Ag 分布；(c) Ni 分布；(d) O 分布

处存在许多一端伸入熔池而另一端伸入基体的 Ni 纤维。由于受到基体的稳定作用，Ni 纤维可稳定存在于熔池与基体的界面处，通过毛细作用等来稳定熔池。与 1♯铆钉相比，2♯铆钉中 Ni 纤维更长，进而对熔池钉扎强化作用更好，进而表现出更好的抗电弧性能。

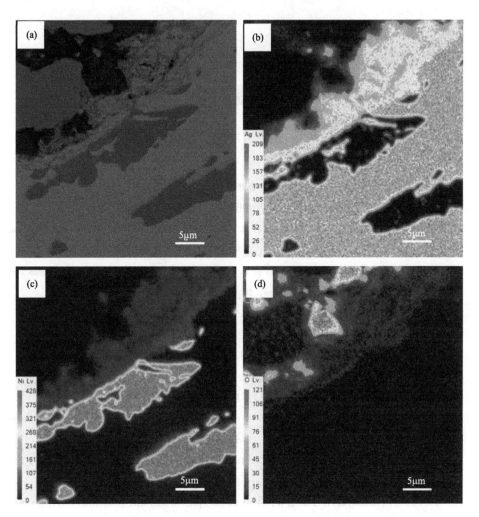

图 6.16　5000 次电接触操作后，2♯铆钉阴极中央蚀坑区纵截面的形貌和元素分布

（a）形貌；（b）Ag 分布；（c）Ni 分布；（d）O 分布

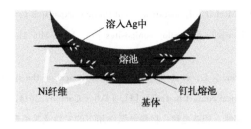

图 6.17　Ni 纤维在熔池中的作用机制示意图

◆ 参考文献 ◆

[1] 堵永国，张为军，胡君遂. 电接触与电接触材料（一）[J]. 电工材料，2005（2）：44-46.

[2] 宁远涛，赵怀志. 银 [M]. 长沙：中南大学出版社，2005.

[3] Braunovic M, Konchits V V, Myshkin N K. Electrical contacts fundamentals, applications and technology [M]. New York：CRC Press, 2006.

[4] Braunovic M, Konchits V V, Myshkin N K. Electrical contacts fundamentals, applications and technology [M]. New York：CRC Press, 2006.

[5] 荣命哲. 电接触及电弧研究的新进展 [J]. 电气技术，2005（5）：1-4.

[6] 刘先曙. 国内外电接点材料的研究与发展概括 [J]. 机械工程材料，1979（1）：3-14.

[7] 陈燕俊. 贵金属层叠复合材料的制备工艺与界面研究 [D]. 杭州：浙江大学，2001.

[8] 蒋荣兴. 电接触及电弧研究会召开第一届年会 [J]. 电器与能效管理技术，1981（2）：64.

[9] 崔得峰. 我国电触头材料市场发展分析 [J]. 电工材料，2016（2）：24-25.

[10] Parl E S, Chen Y H, Liu T J K, et al. A new switching device for printed electronics：inkjet-printed microelectromechanical relay [J]. Nano Lett, 2013, 13（11）：5355-5360.

[11] Ahn B Y, Duoss E B, Motala M J, et al. Omnidirectional printing of flexible, stretchable, and spanning silver microelectrodes [J]. Science, 2009, 323（5921）：1590-1593.

[12] Packard C E, Murarka A, Lam E W, et al. Contact-printed microelectromechanical systems [J]. Adv Mater, 2010, 22（16）：1840-1844.

[13] Ćosović V, Talijan N, Živković D, et al. Comparison of properties of silver-metal oxide electrical contact materials [J]. J Min Met B, 2012, 48（1）：131-141.

[14] Pal H, Sharma V. Mechanical, electrical, and thermal expansion properties of carbon nanotube-based silver and silver-palladium alloy composites [J]. Int J Min Met Mater, 2014, 21（11）：1132-1140.

[15] Lin Z J, Liu S H, Sun X D, et al. The effects of citric acid on the synthesis and performance of silver-tin oxide electrical contact materials [J]. J Alloy Compd, 2014, 588：30-35.

[16] 徐炯，朱丽慧，余海峰. 银基电触头材料电弧作用下的失效及其机理 [J]. 材料科学与工程学报，2003, 21（4）：612-615.

[17] 赵怀志. 银的主要应用领域和发展现状 [J]. 云南冶金，2002, 31（3）：118-122.

134

［18］ Murakami M, Ryonai H, Kubono T. Properties of short arc phenomena on AgCu electrical contact pairs for automotive electronics devices ［C］. Proceedings of the 53rd IEEE Holm conference on electrical contacts, 2007：146-150.

［19］ Banerjee A, Zhang J G, Garshasb M, et al. Wear debris analysis in rotating Ag-Cu electrical contacts ［J］. Wear, 1983, 84 (1)：97-109.

［20］ Field J D, Ahmad M I, Pool V V, et al. The formation mechanism for printed silver-contacts for silicon solar cells ［J］. Nat Commun, 2016, 7：11143.

［21］ DODUCO GmbH. Doduco Databook ［M］. Mühlacker：Stieglitz Verlag, 2012：48-61.

［22］ Leong C K, Chung D D L. Pressure electrical contact improved by carbon black paste ［J］. J Electron mater, 2004, 33 (3)：203-206.

［23］ Rehani B, Joshi P B, Khanna P K. Fabrication of silver-graphite contact materials using silver nanopowders ［J］. J Mater Eng Perform, 2010, 19 (1)：64-69.

［24］ Rehani B R, Joshi P B, Kaushik V K. Nanostructured silver-graphite electrical contact materials processed by mechanical milling ［J］. Indian J Eng Mater S, 2009, 16 (4)：281-287.

［25］ 李靖, 马志瀛, 李建明, 等. 50 Hz 和 400 Hz 下 Ag 基合金电触头材料的电弧侵蚀 ［J］. 电工技术学报, 2010, 25 (8)：1-5.

［26］ Pons F. Electrical contact material arc erosion：experiments and modeling towards the design of an AgCdO substitute ［D］. Atlanta：Georgia Institute of Technology, 2010.

［27］ 李文生, 李亚明, 张杰, 等. 银基电接触材料的应用研究与制备工艺 ［J］. 材料导报, 2011, 25 (6)：34-55.

［28］ Shen Y S, Gould L, Swann S. DTA and TGA studies of four Ag-MeO electrical contact materials ［J］. IEEE T Comp Pack Man, 1985, 8 (3)：352-358.

［29］ Hensel F R. Electric contact material：US, 2145690 ［P］. 1939-01-31.

［30］ 刘辉, 覃向忠. $AgSnO_2$-$Bi_2Sn_2O_7$ 电触头材料制备及应用 ［J］. 电工材料, 2007 (1)：5-19.

［31］ 陈敬超, 孙加林, 张昆华, 等. 银氧化镉材料的欧盟限制政策与其他金属氧化物电接触材料的发展 ［J］. 电工材料, 2002 (4)：41-49.

［32］ Zhu Y C, Wang J Q, An L Q, et al. Preparation and study of nano-Ag/SnO_2 electrical contact material doped with titanium element ［J］. Rare Metal Mat Eng, 2014, 43 (11)：2614-2618.

［33］ 熊庆丰, 王松, 谢明, 等. 用放电等离子烧结技术制备 $AgSnO_2$ 电接触材料 ［J］. 贵金属, 2013, 34 (4)：12-16.

［34］ Zhu Y C, Wang J Q, An L Q, et al. Study on Ag/SnO_2/TiO_2 electrical contact materials prepared by liquid phase in situ chemical route ［J］. Adv Mater Res, 2014, 936：486-490.

［35］ Jiang Y, Liu S H, Chen J L, et al. Preparation of rod-like SnO_2 powder and its application in Ag-SnO_2 electrical contact materials ［J］. Mater Res Innov, 2015, 19 (S4)：S152-S156.

[36] Qiao X Q, Shen Q H, Zhang L G, et al. A novel method for the preparation of Ag/SnO$_2$ electrical contact materials [J]. Rare Matel Mat Eng, 2014, 43 (11): 2614-2618.

[37] 郑冀. 纳米掺杂 AgSnO$_2$ 电触头材料及其单晶硅类流态结构的研究 [D]. 天津: 天津大学, 2004.

[38] 陈京生, 王学林, 谢忠光. AgSnO$_2$ 电触头材料检测技术现状分析 [J]. 电工材料, 2005 (2): 38-42.

[39] 胡建新, 黄道荣. AgZnO/Cu 复合铆钉电触头材料的研究 [J]. 上海有色金属, 1994, 15 (2): 92-96.

[40] Wei Z J, Zhang L J, Shen T, et al. Effects of oxide-modified spherical ZnO on electrical properties of Ag/ZnO electrical contact material [J]. J Mater Eng Perform, 2016, 25 (9): 3662-3671.

[41] Wei Z J, Zhang L J, Yang H, et al. Effects of preparing method of ZnO powder on electrical arc erosion behavior of Ag/ZnO electrical contact material [J]. J Mater Res, 2016, 31 (4): 468-479.

[42] 谢健全, 彭昶, 黄和平. Ag-ZnO 电触头材料制备工艺对其组织和性能的影响 [J]. 粉末冶金工业, 1996, 6 (5): 34-38.

[43] 夏守余, 陈家骏. 银-氧化锌电触头材料的组织与性能 [J]. 北京钢铁学院学报, 1987, 9 (4): 51-56.

[44] Wu C P, Yi D Q, Weng W, et al. Influence of alloy components on arc erosion morphology of Ag/MeO electrical contact materials [J]. Trans Nonferrous Met Soc China, 2016, 26 (1): 185-195.

[45] 马小玲, 冯小明. 导电陶瓷的研究进程 [J]. 佛山陶瓷, 2009 (6): 43-46.

[46] 刘海燕. 银/导电陶瓷电接点材料电弧损耗特性的光谱研究 [D]. 济南: 山东大学, 2008.

[47] 尹娜. 新型银基导电陶瓷复合电接触材料研究 [D]. 济南: 山东大学, 2007.

[48] Yu H, Sun Y, Alpay S P, et al. Microstructure effects in braze joint formed between Ag/W electrical contacts and Sn-coated Cu using Cu-Ag-P filler metal [J]. J Mater Sci, 2015, 50 (1): 324-333.

[49] Aslanoğlu Z, Karakaş Y, Öveçoğlu M L, et al. Effects of nickel addition on properties of Ag-W electrical contact materials [J]. Powder Metall, 2013, 41 (1): 77-81.

[50] Yu H B, Kesim M T, Sun Y, et al. Extended aging of Ag/W circuit breaker contacts: influence on surface structure, electrical properties, and UL testing performance [J]. J Mater Eng Perform, 2016, 25 (1): 91-101.

[51] Siade P G. Variations in contact resistance resulting from oxide formation and decomposition in Ag-W and Ag-WC-C contact passing steady currents for long time periods [J]. IEE Trans on CHMT, 1986, 9 (1): 3-16.

[52] Vijayakumar M, Sriramamurthy A M, Naidu S V N. Calculated phase diagrams of Cu-W, Ag-

W and Au-W binary systems [J]. Calphad, 1987, 11 (4): 369-374.

[53] Swingler J. Performance and arcing characteristics of Ag/Ni contact materials under DC resistive load conditions [J]. IET Sci Meas Technol, 2011, 5 (2): 37-45.

[54] Akbi M, Bouchou A, Zouache N. Effects of vacuum heat treatment on photoelectric work function and surface morphology of multilayered silver-metal electrical contacts [J]. Appl Surf Sci, 2014, 303: 131-139.

[55] Tsuji K, Inada H, Kojima K. Manufacturing process and material characteristics of Ag-Ni contacts consisting of nickel-compounded particles [J]. J Mater Sci, 1992, 27 (5): 1179-1183.

[56] Wu C P, Yi D Q, Weng W. Arc erosion behavior of Ag/Ni electrical contact materials [J]. Mater Design, 2015, 85: 511-519.

[57] 王塞北, 谢明, 刘满门, 等. AgNi 电触头材料研究进展 [J]. 稀有金属材料与工程, 2013, 42 (4): 875-880.

[58] Okamoto H. Supplemental literature review of binary phase diagrams: Ag-Ni, Al-Cu, Al-Sc, C-Cr, Cr-Ir, Cu-Sc, Eu-Pb, H-V, Hf-Sn, Lu-Pb, Sb-Yb and Sn-Y [J]. J Phase Equilib Diff, 2013, 34 (6): 493.

[59] Hetzmannseder E, Rieder W F. Make-and-Break Erosion of Ag/MeO Contact Materials [J]. IEEE T Compon Pack Man A, 1996, 19 (3): 397-403.

[60] Witter G, Chen Z. A comparison of silver tin indium oxide contact materials using a new model switch that simulates operation of an automotive relay [C]. Proceedings of 50th IEEE Holm conference on electrical contacts and the 22nd international conference on electrical contacts, 2004: 382-387.

[61] Leung C, Streicher E, Fitzgerald D. Welding behavior of Ag/SnO$_2$ contact material with microstructure and additive modifications [C]. Proceedings of 50th IEEE Holm conference on electrical contacts and the 22nd international conference on electrical contacts, 2004: 64-69.

[62] McDonnell D, Gardener J, Gondusky G. Comparison of the switching behavior of silver metal oxide contact materials [C]. Proceedings of the 39th IEEE Holm conference on electrical contacts, 1993: 37-43.

[63] Wang J, Li D M, Wang Y P. Microstructure and properties of Ag-SnO$_2$ materials with high SnO$_2$ content [J]. J Alloy Compd, 2014, 582: 1-5.

[64] Kang S, Brecher C. Cracking mechanisms in Ag-SnO$_2$ contact materials and their role in the erosion process [C]. Proceedings of the 34th Meeting of the IEEE Holm conference on electrical contacts, 1988: 37-46.

[65] Jeanot D, Pinard J, Ramoni P, et al. The effects of metal oxide additions or dopants on the electrical performance of AgSnO$_2$ Contact materials [C]. Proceedings of the 39th IEEE Holm conference on electrical contacts, 1993: 51-59.

[66] Wang J, Liu W, Li D M, et al. The behavior and effect of CuO in Ag/SnO$_2$ materials [J]. J Alloy Compd, 2014, 588: 378-383.

[67] 曹曙光，谢明，陈力. 稀土元素在银氧化锡电触头材料中作用的研究 [J]. 贵金属，2005，26 (1): 17-20.

[68] 李恒，杨志明. 粉末元素掺杂对 AgSnO$_2$ (10) 电触头材料的影响 [J]. 电工材料，2001 (3): 18-21.

[69] 龚家聪，钞喜瑞，李呈祥，等. 锂对 Ag-SnO$_2$ 系电接点材料组织和性能的影响 [J]. 功能材料，1991，22 (3): 135-140.

[70] 王俊勃，张燕，杨敏鸽，等. Fe 掺杂对纳米复合 Ag-SnO$_2$ 电接触合金电弧演化行为的影响 [J]. 稀有金属材料与工程，2006，35 (12): 1954-1958.

[71] Xu C H, Yi D Q, Wu C P, et al. Microstructures and properties of silver-based contact materials fabrication by hot extrusion of internal oxidized Ag-Sn-Sb alloy powders [J]. Mater Sci Eng A, 2012, 538: 202-209.

[72] 许灿辉. Ag-Sn 合金内氧化界面微观结构、热力学与动力学研究 [D]. 长沙：中南大学，2013.

[73] Wiehl G, Kempf B, Ommer M, et al. On the coupled growth of oxide phases during internal oxidation of Ag-Sn-Bi alloys [J]. Int J Mater Res, 2012, 103 (3): 283-289.

[74] Gürakar S, Serin T, Serin N. Electrical and microstructural properties of (Cu, Al, In) -doped SnO$_2$ films deposited by spray pyrolysis [J]. Adv Mater Lett, 2014, 5 (6): 309-314.

[75] 刘松涛，王俊勃，杨敏鸽，等. 低银纳米掺杂 Ag/SnO$_2$ 电触头材料的制备及性能研究 [J]. 兵器材料科学与工程，2015 (9): 31-34.

[76] 韩哲，马春文. TiO$_2$ 掺杂 Ag/SnO$_2$ 电接触材料物理性能的研究 [J]. 唐山师范学院学报，2006，28 (2): 51-53.

[77] Zheng J, Li S L, Dou F Q, et al. Preparation and microstructure characterization of a nano-sized Ti^{4+}-doped AgSnO$_2$ electrical contact material [J]. Rare Metals, 2009, 28 (1): 19-23.

[78] 底古萨股份公司. 用于电气插头的银-氧化物基烧结材料及其制备方法：中国，CN1065002C [P]. 2001-04-25.

[79] Krätzschmar A, Herbst R, Mützel T, et al. Basic Investigations on the Behavior of Advanced Ag/SnO$_2$ Materials for Contactor Applications [C]. Proceedings of the 56th IEEE Holm conference on electrical contacts, 2010: 1-7.

[80] Shibata A. Electrical contact material: US, 3933485A [P]. 1974-05-29.

[81] Chen Z K, Witter G J. Comparison in performance for silver-tin-indium oxide materials made by internal oxidtion and powder metallurgy [C]. Proceedings of the 55th IEEE Holm conference on electrical contacts, 2009: 182-188.

[82] Leung C, Streicher E, Fitzgerald D, et al. Contact erosion of Ag/SnO$_2$/In$_2$O$_3$ made by internal oxidation and powder metallurgy [C]. Proceedings of the 51st IEEE Holm conference on electrical

contacts, 2005: 22-27.

[83] McDonnel D. Comparison of the switching behavior of internally oxidized and powder metallurgical silver metal oxide contact materials [C]. Proceedings of the 40th IEEE Holm conference on electrical contracts, 1994: 253-260.

[84] Bourda C, Jeannot D, Pinard J, et al. Properties and effects of doping agents used in Ag-SnO$_2$ contact materials [C]. Proceedings of the 16th international conference on electrical contacts, 1992: 377-382.

[85] Jeannot D, Pinard J, Ramoni P, et al. The effects of metals oxide additions or dopants on the electrical performance of Ag-SnO$_2$ contact materials [C]. Proceedings of the 39th Holm conference on electrical contacts, 1993: 51-59.

[86] Heringhaus F, Braumann P, Rühlicke D, et al. On the improvement of dispersion in Ag-SnO$_2$-based contact materials [C]. Proceedings of 20th international conference on electrical contacts, 2000.

[87] Lin Z J, Sun X D, Liu S H, et al. Effect of SnO$_2$ particle size on properties of Ag-SnO$_2$ electrical contact materials prepared by the reductive precipitation method [J]. Adv Mat Res, 2014, 936: 459-463.

[88] 堵永国, 白书欣, 易旸, 等. 二氧化锡颗粒增强银基复合材料的电阻率 [J]. 功能材料, 1994, 25 (2): 150-153.

[89] 乔秀清. SnO$_2$ 形貌调控与改性及其在 Ag 基电触头材料中的应用 [D]. 杭州: 浙江大学, 2013.

[90] 刘海英, 王亚平, 丁秉钧. 纳米 AgSnO$_2$ 电触头材料的制备与组织分析 [J]. 稀有金属材料科学与工程, 2002, 31 (2): 122-124.

[91] Fu C, Wang J B, Yang M G, et al. Microstructure and electrical properties of Ag/ (Sn$_{0.8}$La$_{0.2}$)O$_2$ coating prepared by plasma spraying [J]. Acta Metall Sin Engl, 2013, 49 (3): 325-329.

[92] 姜凤阳, 王俊勃, 付翀, 等. 等离子喷涂纳米复合 Ag/SnO$_2$ 电触头材料放电性能研究 [J]. 稀有金属材料与工程, 2012, 41 (8): 1443-1446.

[93] Yang T Z, Du Z J, Gu Y Y, et al. Preparation of flake AgSnO$_2$ composite powders by hydrothermal method [J]. T Nonferr Metal Soc, 2007, 17 (2): 434-438.

[94] Krenek T, Duchek P, Urbanova M, et al. Thermal co-decomposition of silver acetylacetonate and tin (II) hexafluoroacetylacetonate: Formation of carbonaceous Ag/AgxSn ($x = 4$ and 6.7) / SnO$_2$ composites [J]. Thermochim Acta, 2013, 566: 92-99.

[95] Yin K, Shao M W, Zhang Z S, et al. A single-source precursor route to Ag/SnO$_2$ heterogeneous nanomaterials and its photo-catalysis in degradation of Conco Red [J]. Mater Res Bull, 2012, 47 (11): 3704-3708.

[96] Shakerian F, Parvin N, Azadmehr A, et al. Synthesis of silver tin oxide nanocomposite powders via chemical coprecipitation method [J]. C R Chim, 2012, 15 (7): 633-638.

139

[97] Wolmer R, Mueller M, Heringhaus F, et al. Method for producing composite powder based on silver-tin oxide, the composite powders so produced, and the use of such powders to produce electrical contact materials by powder metallurgy techniques: US, 6409794 [P]. 2002-06-25.

[98] 刘伟利, 张玲洁, 魏志君. 新型 Ag/ (SnO$_2$)$_{12}$ 电接触材料: 纳米增强颗粒呈纤维状定向排列 [C]. 第四届中国科协年会第11分会场, 2012.

[99] Chen Y L, Yang C F, Yeh J W, et al. A novel process for fabricating electrical contact SnO$_2$/Ag composites by reciprocating extrusion [J]. Metall Mater Trans A, 2005, 36 (9): 2441-2447.

[100] Zhang Z W, Hou W L, Wang Y H, et al. Microstructure Evolution of Ag/SnO$_2$ Electrical Contact materials via severe plastic deformation [C]. Proceedings of 2010 international conference on future information technology and management engineering, 2010: 214-217.

[101] 蒋义斌, 覃向忠, 黄兴隆, 等. 正向热挤压银氧化锡带材金相组织特点及其形成机理浅析 [J]. 电工材料, 2013 (4): 11-15.

[102] Ćosović V, Ćosović A, Talijan N, et al. Improving dispersion of SnO$_2$ nanoparticles in Ag-SnO$_2$ electrical contact materials using template method [J]. J Alloy Compd, 2013, 567: 33-39.

[103] 王华栋. 典型氧化物及笼合物热电材料的制备及性能研究 [D]. 沈阳: 东北大学, 2014.

[104] Lorrain N, Chaffron L, Carry C, et al. Kinetics and formation mechanisms of the nanocomposite powder Ag-SnO$_2$ prepared by reactive milling [J]. Mater Sci Eng A, 2004, 367 (1-2): 1-8.

[105] 刘琳静, 陈敬超, 冯晶, 等. 反应合成法制备 Ag/SnO$_2$ 工艺复合材料中的反应路线 [J]. 稀有金属材料科学与工程, 2011, 40 (5): 936-940.

[106] Du Y P, Chen J C, Feng J, et al. Study on Ag$_6$O$_2$/SnO$_2$ lower index interfaces in Ag/SnO$_2$ composites prepared by reactive synthesis [J]. Rare Metal Mater Eng, 2010, 39 (6): 980-984.

[107] 罗群芳, 刘丽琴, 王亚平, 等. 机械合金化方法制备银镍电触头合金的研究 [J]. 稀有金属材料与工程, 2003, 32 (4): 298-300.

[108] Satoh M, Yamashita T, Miyanami K, et al. Dispersion and compounding process of particulate Ag and fine Ni powder using a high-speed/high-shear mill [J]. J Jpn Soc Powder Powder Met, 1993, 40 (3): 299-302.

[109] Zhao Z L, Zhao Y, Niu Y, et al. Synthesis and characteristics of consolidated nanocrystalline two-phase Ag$_{50}$Ni$_{50}$ alloy by hot pressing [J]. J Alloy Compd, 2000, 307 (1-2): 254-258.

[110] Srivastava C, Chithra S, Malviya K D, et al. Size dependent microstructure for Ag-Ni nanoparticles [J]. Acta Mater, 2011, 59 (16): 6501-6509.

[111] Srivastava C, Mundotiya B M. Electron microscopy of microstructural transformation in electrodeposited Ni-rich, Ag-Ni film [J]. Thin Solid Films, 2013, 539 (5): 102-107.

[112] 张新伟, 华正和, 蒋毓文, 等. 溶胶凝胶自燃烧法合成金属与合金材料研究进展 [J]. 物理学报, 2015, 64 (5): 091001.

[113] Srivastava C, Chithra S, Malviya K D, et al. Size dependent microstructure for Ag-Ni nanopar-

ticles [J]. Acta Mater, 2011, 59 (16): 6501-6509.

[114] Srivastava C, Mundotiya B M. Electron microscopy of microstructural transformation in electro-deposited Ni-rich, Ag-Ni film [J]. Thin Solid Films, 2013, 539 (5): 102-107.

[115] Zhang Z Y, Nenoff T M, Huang J Y, et al. Room temperature synthesis of thermally immisci-ble Ag-Ni nanoalloys [J]. J Phys Chem C, 2009, 113 (4): 1155-1159.

[116] 王俊勃, 李英民, 王亚平, 等. 纳米复合银基电触头材料的研究 [J]. 稀有金属材料与工程, 2004, 33 (11): 1213-1217.

[117] 赵建国. 共沉积烧结挤压工艺制取 AgNi10 电触头材料 [J]. 粉末冶金金属, 1988, 6 (2): 99-104.

[118] Delogue F. Ag-Ni janus nanoparticles by mechanochemical decomposition of Ag and Ni oxalates [J]. Acta Mater, 2014, 66 (1): 388-395.

[119] L'vov B V. Kinetics and mechanism of thermal decomposition of nickel, manganese, silver, mercury and lead oxalates [J]. Thermochim Acta, 2000, 364 (1-2): 99-109.

[120] Yao Y L, Zhang C F, Zhan J, et al. Thermodynamics analysis of Ni^{2+}-$C_2H_8N_2$-$C_2O_4^{2-}$-H_2O system and preparation of Ni microfiber [J]. Trans Nonferrous Met Soc China, 2013, 23 (11): 3456-3461.

[121] Zimmerman M D. Space agenda to the year 2000 [J]. Mach Des, 1985, 57: 73-77.

[122] 王永根, 童意平, 刘立强, 等. 纤维复合 AgNi 线材的工艺研究 [J]. 电工材料, 2007 (1): 20-23.

[123] 张昆华. 大变形制备 Ag/Ni 纤维复合电接触材料研究 [D]. 昆明: 昆明理工大学, 2008.

[124] Chemelle P, Knorr D B, Vander Sande J B, et al. Morphology and composition of second phase particles in zircaloy-2 [J]. J Nucl Mater, 1983, 113 (1): 58-64.

[125] Chang K, Feng W M, Chen L Q. Effect of second-phase particle morphology on grain growth kinetics [J]. Acta Mater, 2009, 57 (17): 5229-5236.

[126] Lebyodkin M, Deschamps A, Bréchet Y. Influence of second-phase morphology and topology on mechanical and fracture properties of Al-Si alloys [J]. Mater Sci Eng A, 1997, 234 (9): 481-484.

[127] Rajabi A, Ghazali M J, Daud A R. Effect of second phase morphology on wear resistance of Fe-TiC composites [J]. J Tribol, 2015, 4: 1-9.

[128] Masuda Y, Kato K. Aqueous synthesis of nanosheet assembled tin oxide particles and their N_2 adsorption characteristics [J]. J Cryst Growth, 2009, 311 (3): 593-596.

[129] Sun P, Cao Y, Liu J, et al. Dispersive SnO_2 nanosheets: hydrothermal synthesis and gas-sens-ing properties [J]. Sensor Actuat B Chem, 2011, 156 (2): 779-783.

[130] Wang H K, Rogach A L. Hierarchical SnO_2 nanostructures: recent advances in design, synthe-sis, and applications [J]. Chem Mater, 2014, 26 (1): 123-133.

[131] Liu R Q, Li Ning, Li D Y, et al. Template-free synthesis of SnO_2 hollow microspheres as anode material for lithium-ion battery [J]. Mater Lett, 2012, 73 (8): 1-3.

[132] Xia L S, Yang B F, Fu Z P, et al. High-yield solvothermal synthesis of single-crystalline tin oxide tetragonal prism nanorods [J]. Mater Lett, 2007, 61 (4): 1214-1217.

[133] Chen D L, Gao L. Facile synthesis of single-crystal tin oxide nanorods with tunable dimensions via hydrothermal process [J]. Chem Phys Letter, 2004, 398 (1-3): 201-206.

[134] Liu C M, Zu X T, Wei Q M, et al. Fabrication and characterization of wire-like SnO_2 [J]. J Phys D Appl Phys, 2006, 39 (12): 2494-2497.

[135] Ramaswamy P, Datta A, Natarajan S. Hierarchical structures in tin (II) oxalates [J]. Eur J Inorg Chem, 2008, 2008 (9): 1376-1385.

[136] Kim J W, Lee J K, Choi J, et al. Facile preparation of SnC_2O_4 nanowires for anode materials of a Li ion battery [J]. Curr Appl Phys, 2014, 14 (6): 892-896.

[137] Jiang X C, Wang Y L, Herricks T, et al. Ethylene glycol-mediated synthesis of metal oxide nanowires [J]. J Mater Chem, 2004, 14 (4): 695-703.

[138] Yin Y X, Jiang L Y, Wan L J, et al. Polyethylene glycol-directed SnO_2 nanowires for enhanced gas-sensing properties [J]. Nanoscale, 2011, 3 (4), 1802-1806.

[139] Sun Hua, Kang S Z, Mu J. Synthesis of flowerlike SnO_2 quasi-square submicrotubes from tin (II) oxalate precursor [J]. Mater Letter, 2007, 61 (19): 4121-4123.

[140] Gadsden J A. Infrared Spectra of Minerals and Related Inorganic Compounds [M]. Butterworths: Newton Massachusetts, 1975: 14-37.

[141] Wladimirsky A, Palacios D, D' Antonio M C, et al. Vibrational spectra of tin (II) oxalate [J]. Spectrochim Acta A, 2010, 77 (1): 334-335.

[142] Fujita J, Martell A E, Nakamoto K. Infrared spectra of metal chelate compounds Ⅶ normal coordinate treatments on 1: 2 and 1: 3 oxalato complexes [J]. J Chem Phys, 1962, 36 (2): 331-338.

[143] Fujita J, Martell A E, Nakamoto K. Infrared spectra of metal chelate compounds Ⅵ A normal coordinate treatment of oxalato metal complexes [J]. J Chem Phys, 1962, 36 (2): 324-331.

[144] Sato J A P, Costa F N, da Rocha M D, et al, Structural characterization of LASSBio-1289: a new vasoactive N-methyl-N-acylhydrazone derivative [J]. CrystEngComm, 2015, 17 (1): 165-173.

[145] Massaro F R, Moret M, Bruno M, et al. Equilibrium and growth morphology of oligothiophenes: periodic bond chain analysis of quaterthiophene and sexithiophene crystals [J]. Cryst Growth Des, 2013, 13 (3): 1334-1341.

[146] Liu T J, Jin Z G, Yang J Z, et al. Preparation and process chemistry of SnO_2 films derived from

SnC_2O_4 by the aqueous sol-gel method [J]. J Am Ceram Soc, 2008, 91 (6): 1939-1944.

[147] Gong M, Zhou W, Tsai M C. Nanoscale nickel oxide/nickel heterostructures for active hydrogen evolution electrocatalysis [J]. Nat Commun, 2014, 5: 4695.

[148] Lee G, Choi S I, Lee Y H, et al. One-pot syntheses of metallic hollow nanoparticles of tin and lead [J]. Bull Korean Chem Soc, 2009, 30 (5): 1135-1138.

[149] Hu D, Han B Q, Deng S J, et al. Novel mixed phase SnO_2 nanorods assembled with SnO_2 nanocrystals for enhancing gas-sensing performance toward isopropanol gas [J]. J Phys Chem C, 2014, 118 (18): 9832-9840.

[150] Zhang Q, Liu P, Miao C J, et al. Formation of orthorhombic SnO_2 originated from lattice distortion by Mn-doped tetragonal SnO_2 [J]. RSC Adv, 2015, 5 (49): 39285-39290.

[151] DODUCO GmbH. DODUCO data book [M]. Mühlacker: Stieglitz Verlag, 2012: 79-95.

[152] Fu C, Hou J L, Guo T F, et al. Microstructure and properties of Ag-SnO_2 coating fabricated by plasma spraying [J]. Rare Metal Mat Eng, 2016, 45 (4): 868-872.

[153] Ren W J, Wang X H, Zhang M, et al. Arc erosion behavior of Ag-SnO_2 contact materials with different SnO_2 contents [J]. Rare Metal Mat Eng, 2016, 45 (8): 2075-2079.

[154] Wang J B, Zhang Y, Yang M G, et al. Observation of arc discharging process of nanocomposite Ag-SnO_2 and La-doped Ag-SnO_2 contact with a high-speed camera [J]. Mater Sci Eng B, 2006, 131 (1-3): 230-234.

[155] Kang Y C, Park S B. Preparation of zinc oxide-dispersed silver particles by spray pyrolysis of colloidal solution [J]. Mater Lett, 1999, 40 (3): 129-133.

[156] Liu X M, Wu S L, Chu P K, et al. Effects of coating process on the characteristics of Ag-SnO_2 contact materials [J]. Mater Chem Phys, 2006, 98 (2): 477-480.

[157] 王海涛. 银氧化锡电触头材料性能改善机理的研究 [D]. 天津: 河北工业大学, 2007.

[158] 崔建国, 杨志懋, 王亚平, 等. 硬度对合金材料耐电压强度的影响 [J]. 西安交通大学学报, 1997, 31 (3): 71-75.

[159] Chawla N, Sidhu R S, Ganesh V V. Three-dimensional visualization and microstructure based modeling of deformation in particle-reinforced composites [J]. Acta Mater, 2006, 54 (6): 1541-1545.

[160] 徐娜. 颗粒复合体力学行为的模拟研究 [D]. 沈阳: 东北大学, 2007.

[161] 曹亮, 姚激, 钱闪光, 等. 银基颗粒增强复合材料应力场数值模拟 [J]. 科学技术与工程, 2010, 10 (1): 208-212.

[162] Leonard W F, Lin S F. The validity of Mattiessen's rule for metallic films [J]. Thin solid films, 1975, 28 (1): L9-L12.

[163] Dai L H, Ling Z, Bai Y L. Size-dependent inelastic behavior of particle-reinforced metal-matrix composites [J]. Compos Sci Technol, 2001, 61 (8): 1057-1063.

［164］ 程礼椿. 电接触理论及应用 ［M］. 北京：机械工业出版社，1988：71-83.

［165］ Chawla N, Shen Y L. Mechanical behavior of particle reinforced metal matrix composites ［J］. Adv Eng Mater, 2001, 3 (6)：357-370.

［166］ Chen Y K, Zhang X, Liu E Z, et al. Fabrication of in-situ grown grapheme reinforced Cu matrix composites ［J］. Sci Rep, 2016, 6：19363.

［167］ 陈剑锋，武高辉，孙东立，等. 金属基复合材料的强化机制 ［J］. 航空材料学报，2002，22 (2)：49-53.

［168］ Smith W F, Hashemi J. Foundations of Materials Science and Engineering ［M］. New York：McGraw-Hill, 2006：242-243.

［169］ Aldrich J W, Armstrong R W. The grain size dependence of the yield, flow an fracture stress of commercial purity silver ［J］. Metall Trans, 1970, 1 (9)：2547-2550.

［170］ Schmid E, Walter B. Kristallplastizität：Mit Besonderer Berücksichtigung der Metalle ［M］. Berlin：Springer, 1935：15-58.

［171］ Zhang Q, Xiao B L, Wang W G, et al. Reactive mechanism and mechanical properties of in situ composites fabricated from an Al-TiO$_2$ system by friction stir processing ［J］. Acta Mater, 2012, 60 (20)：7090-7103.

［172］ Wang J, Zhou X, Lu L, et al. Microstructure and properties of Ag/SnO$_2$ coating prepared by cold spraying ［J］. Surf Coat Tech, 2013, 236 (24)：224-229.

［173］ Pandey A, Verma P, Pandey O P. Comparison of properties of silver-tin oxide electrical contact materials through different processing routes ［J］. Indian J Eng Mater Sci, 2008, 15 (3)：236-240.

［174］ Chang H, Pitt C H, Alexander G B. Powder metallurgy preparation of new silver-tin oxide electrical contacts from electrolessly plated composite powders ［J］. Mater Sci Eng B, 1991, 8 (2)：99-105.

［175］ Chang H, Pitt C H, Alexander G B. Novel method for preparation of silver-tin oxide electrical contacts ［J］. J Mater Eng Perform, 1992, 1 (2)：255-260.

［176］ 刘祖耀，郑子樵，陈大钦，等. 正常晶粒长大的计算机模拟 (Ⅱ)——第二相粒子形状及取向的影响 ［J］. 中国有色金属学报，2004，14 (1)：122-126.

［177］ 程礼椿. 电接触理论及应用 ［M］. 北京：机械工业出版社，1988.

［178］ 荣命哲，王其平. 电触头材料转移方向反转及电弧转换的突变模型 ［J］. 西安交通大学学报，1990，24 (2)：17-22.

［179］ Liu H L, Cao G X. Effectiveness of the Young-Laplace equation at nanoscale ［J］. Sci Rep, 2016, 6：23936.

［180］ 高峰，左孝青，陈小番. 熔体泡沫稳定性研究进展 ［J］. 材料热处理技术，2011，40 (8)：5-8.

144

[181] 程礼椿. 电接触理论及应用 [M]. 北京：机械工业出版社，1988.

[182] Sander L M, Sander L M. Diffusion-limited aggregation, a kinetic critical phenomenon? [J]. Contemp Phys, 2010, 41 (4)：203-218.

[183] Lin Z J, Zhu Q, Sun X D, et al. Synthesis and formation mechanism of morphology-controllable indium-containing precursors and optical properties of the derived In_2O_3 particles [J]. CrystEngComm, 2016, 18 (21)：3737-3950.

[184] Kussy F W, Warren J L. Design fundamentals for low-voltage distribution and control [M]. New York：CRC Press, 1987：170-171.

[185] 顾文华，徐子凤. 银镍电触头电阻钎焊工艺 [J]. 焊接，1997 (7)：23-24.

[186] 黄光临，颜小芳，李国伟，等. 化学共沉淀 AgNi (10) 电触头材料的制备及性能分析 [J]. 电工材料，2010 (1)：12-16.

[187] Dean J A. 兰氏化学手册 [M]. 魏俊发，等译. 北京：科学出版社，1999.

[188] Bahmani A, Sellami M, Bettahar N. Synthesis of bismuth mixed oxide by thermal decomposition of a coprecipitate precursor [J]. J Therm Anal Calorim, 2012, 107 (3)：955-962.

[189] Sengupta B, Tamboli C A, Sengupta R. Synthesis of nickel oxalates particles in the confined internal droplets of W/O emulsions and in systems without space confinement [J]. Chem Eng J, 2011, 169 (1-3)：379-389.

[190] Dong Y, Li X D, Liu S H, et al. Facile synthesis of high silver content MOD ink by using silver oxalate precursor for inkjet printing applications [J]. Thin Solid Films, 2015, 589：381-387.

[191] Zhu Q, Li J G, Li X D, et al. Morphology-dependent crystallization and luminescence behavior of $(Y, Eu)_2O_3$ red phosphors [J]. Acta Mater, 2009, 57 (20)：5975-5985.

[192] Mommam K, Izumi F. VESTA 3 for three-dimensional visualization of crystal, volumetric and morphology data [J]. J Appl Crystallogr, 2011, 44 (6)：1272-1276.

[193] Naumov D Y, Podberezskaya N V, Virovets A V, et al. Crystal structure analysis of silver oxalates, $Ag_2C_2O_4$, and an X-ray diffraction study of its single crystal at the initial stage of photolysis [J]. J Struct Chem, 1994, 35 (6)：890-898.

[194] Xiong J F, Shen H, Mao J X, et al. Porous hierarchical nickel nanostructures and their applicaton as a magnetically separable catalyst [J]. J Mater Chem, 2012, 22 (24)：11927-11932.

[195] Choi E, Oh S J, Choi M. Charge transfer in Ni_xPt_{1-x} alloys studied by x-ray photoelectron spectroscopy [J]. Phys Rev B, 1991, 43 (8)：6360-6368.

[196] Akbi M, Lefort A. Work function measurements of contact materials for industrial use [J]. J Phys D Appl Phys, 1998, 31 (11)：1301-1308.

[197] 程礼椿. 电接触理论及应用 [M]. 北京：机械工业出版社，1988.

[198] Sarrafi R, Kovacevic R. Cathodic cleaning of oxides from aluminum surface by variable-polarity arc [J]. Weld J, 2010, 89 (1)：1S-10S.

[199] Zhang L G, Shen T, Shen Q H, et al. Anti-arc erosion properties of Ag-La$_2$Sn$_2$O$_7$/SnO$_2$ contacts [J]. Rare Metal Mater Eng, 2016, 45 (7): 1664-1668.

[200] Azushima A, Kopp R, Korhonen A. Severe plastic deformation (SPD) processes for metals [J]. CIRP Ann Manuf Tech, 2008, 57 (2): 716-735.

[201] Saito Y, Utsunomiya H, Tsuji N, et al. Novel ultra-high straining process for bulk materials-development of the accumulative roll-bonding (ARB) process [J]. Acta Mater, 1999, 47 (2): 579-583.

[202] Du J. A feasibility study of tungsten-fiber-reinforced tungsten composites with engineered interfaces [D]. München: Technischen Universität München, 2011.

[203] Du J, Höschen T, Rasinski M. Feasibility study of a tungsten wire reinforced tungsten matrix composite with ZrO$_x$ interfacial coating [J]. Compos Sci Technol, 2010, 70 (10): 1482-1489.

[204] 张昆华, 管伟明, 郭俊梅, 等. 大变形 Ag/Ni20 纤维复合电接触材料电弧侵蚀及形貌特征 [J]. 稀有金属材料与工程, 2011, 40 (5): 853-857.

[205] 汪小兰. 有机化学 [M]. 北京: 高等教育出版社, 2005.

[206] 梁秉钧, 张万胜. 银镍电触头材料不同组织结构对性能的影响 [J]. 电工材料, 1989 (3): 18-28.